だれにもできる

土の物理性診断と改良

JA全農 肥料農薬部 編 / 安西徹郎 著

収量アップの
カギは物理性
土が硬い
穴掘りで
診断、解決!
深さスコップ
2掘り分でわかる
水はけが
悪い

農文協

はじめに

作物の高収量・高品質を持続的に維持向上することを目的として、生産者は農地の生産力を高めるための努力を重ねてきました。それが「土づくり」であり、その「土づくり」のための具体的な手段を示す技術が「土壌診断」です。

土壌診断には、養分状態を明らかにする化学性診断と、硬さや水、空気などの状態を調べる物理性診断があります。化学性診断は広く実施され、土づくりや施肥設計に生かされています。このため、「土壌診断＝化学性診断」というイメージが強いようです。

しかし、化学性診断に基づく施肥をしていても、作物の生産性が高まった、という実感が得られないケースが、しばしば見受けられます。一方で、「土が硬くなった」「水はけが悪くなった」というような、土の物理性に関する問題が指摘されています。実際に、大区画圃場の造成や農地基盤整備といった大掛かりな工事、農業機械の大型化などによって、土が圧密を受けて硬くなっている圃場が多くなっています。このような圃場では、作物は根張りが悪くなり、生育不良を来たすおそれが多分にあります。

こうした土の物理性に関する問題を解決し、作物の生産性を根本から改善する方法が、土の物理性診断です。何も難しいことはなく、圃場にスコップ 2 掘り分の深さの穴を掘り、土の中の様子を調べればよいのです。とくに作物の根張りの良し悪しは、土の硬さ、空気や水の量などと深く関係しているからです。

本書は写真を多用して、作物の生産性改善につながる「土の見方」（物理性診断）と、それに基づく土の改良方法を、できるだけ平易に示したものです。

Ⅰ～Ⅱ章では、生産現場における土の物理性の現状と物理性診断の重要性を記し、Ⅲ章では、専門的な診断器具がなくても土の物理性診断ができることを示しました。Ⅳ章では、精密な物理性診断の方法を示して、農業指導者はもちろんのこと、生産者の方々も「土の見方」を深めることができるように配慮しました。Ⅳ章を飛ばして、Ⅴ章の機械・資材の選択やⅥ章の現地事例に読み進んでいただいても、実際に圃場の土層改良・物理性改良に取り組むことができます。

本書を姉妹書『だれにもできる 土壌診断の読み方と肥料計算』とともにご活用いただき、物理性診断に化学性診断を加えた「総合土壌診断」が、生産者や農業指導者の基本技術となること、各地で作物の生産性改善が大いに進むことを期待します。

2016（平成 28）年 2 月

全国農業協同組合連合会（JA 全農）肥料農薬部

目　次

はじめに …… 1

この本で使われている専門用語 …… 6

Ⅰ いま生産現場の土は？

1　作土が浅くなっている …… 8

2　土が硬くなっている …… 9

3　水はけが悪くなっている …… 10

4　深耕によって下層の土が露出している …… 11

5　病害が多発している …… 12

6　土を知ろうとする人が増えている …… 13

Ⅱ まず見るべきは土の物理性

1　発見！　耕盤プレート …… 14

2　一目瞭然！　白ペンキ液で根跡や亀裂を知る …… 16

3　物理性改良こそキーポイント——ハウスインゲンの事例 …… 18

（1）客土された圃場では耕盤層ができていた …… 19

（2）客土しなかった圃場では不透水層ができていた …… 20

（3）土の物理性改良で収量増加！ …… 22

（4）土の物理性改良で病害抑止！ …… 23

Ⅲ これならできる！　土の見方・基礎編

1　地面の上から先の尖った棒を刺して入らなくなる深さを調べる …… 24

2　圃場に未熟な物質が残っていないか、土のにおいをチェックする …… 24

3　スコップで作土の下まで穴を掘り、根がどこまで張っているかを見る …… 25

4　指を土の断面に押し当てて土の硬さを見る …… 27
5　断面から土塊を削り取って乾湿の程度を見る …… 28
（1）乾きやすい圃場 …… 28
（2）水はけが悪い圃場 …… 28
6　土の養分分析をする必要があれば、採土する …… 31
（1）水稲圃場の土の採り方 …… 32
（2）露地・施設野菜圃場の土の採り方 …… 32
（3）果樹圃場の土の採り方 …… 32

Ⅳ 名人になる！ 土の見方・上級編

1　土の状態を見る前に …… 33
（1）どんな時期に圃場のどこを見るのか …… 33
（2）圃場の立地状況を知る …… 34
（3）営農状況を確認・共有する …… 36
2　穴を掘って土の中を見る …… 36
（1）調査に必要な用具 …… 36
（2）土の中を見るための穴の掘り方 …… 37
3　収量アップにつながる土の見方 …… 38
（1）作物の根張りの程度を調べる …… 38
（2）作土の深さを調べる …… 41
（3）土の硬さを調べる …… 42
（4）土性を判定する …… 45
（5）土の乾湿を調べる …… 46
（6）土の団粒化、亀裂の発達状況を調べる …… 48
（7）腐植含量と腐植層の厚さを調べる …… 50
（8）断面調査項目における基準値のめやす …… 51
4　穴掘りなしで土の状態を知る …… 54
（1）検土杖（ボーリングステッキ）の使い方 …… 54

（2）貫入式土壌硬度計の使い方 …… 55
（3）土壌物理性診断セットの活用 …… 55

Ⅴ 土の物理性改良に、この機械・資材

1　土の物理性改良に用いる農業機械の種類と特長 …… 57
（1）適正な機械選択のためのフローチャート …… 57
（2）耕盤破砕を目的とする機械 …… 59
（3）排水性改良を目的とする機械 …… 63
2　土の物理性改良に用いる資材の種類と特性 …… 68
（1）植物系資材 …… 68
（2）鉱物系資材 …… 70
（3）緑肥作物 …… 71

Ⅵ 現地事例に学ぶ　土を見るポイント

1　基盤整備を行なった圃場 …… 74
（1）基盤整備水田で見られた表土扱いの重要性
（福岡県、2013年） …… 74
（2）盛土の深さがトウモロコシの生育に影響する
（千葉県、2014年） …… 75
（3）作物の生産性が低い切土造成圃場の土の改良
（広島県、2015年） …… 76
2　耕盤ができている圃場 …… 78
（1）耕盤破砕＋窒素施肥でナシの根がびっしり張った
（千葉県、2003年） …… 78
（2）耕盤破砕で今までつくれなかったダイコンがとれた
（神奈川県、2014年） …… 80
（3）耕盤があると、お茶の根も入っていけない
（京都府、2006年） …… 81

3 水田転換が行なわれた圃場 …… 83

(1) トマトの生育にもとの水田が大きく影響
(神奈川県、2013年) …… 83

(2) 暗渠を効かせて畑転換
(千葉県、2013年) …… 85

(3) もと水田のすき床層は水分供給の場
(岩手県、2014年) …… 86

4 不耕起栽培を導入した圃場(現地試験例) …… 88

うね連続栽培でイチゴの収量が大幅アップ
(熊本県、2010年) …… 88

ちょっと深掘り

① 空気の「ある・なし」で根張りはこんなに違う …… 26
② 「透水性」と「排水性」 …… 29
③ 耕うんのやり過ぎで水はけの悪い圃場をつくっていた? …… 29
④ 圃場の排水性を改善する …… 29
⑤ 農地に見られる主な土の特徴 …… 35
⑥ 根張りの量を判断するめやす …… 39
⑦ 耕し方でこんなに根張りが違う! …… 40
⑧ 「仮比重」は土づくり肥料などの施用量の計算に必要 …… 47
⑨ 特別な道具なしで、土・水・空気の割合を知る …… 52
⑩ 既存の土壌図を上手に利用する …… 53
⑪ 樹園地の深耕の方法 …… 79

付録1 営農状況・土の断面の確認事項 …… 91

付録2 収量アップにつながる土の診断項目 …… 92

■この本に出てきた機械・器具の問合せ先 …… 93

■参考文献 …… 94

■執筆者、編集責任者、資料・写真提供者 …… 95

イラスト:アルファ・デザイン

この本で使われている専門用語

暗渠　過剰の地下水を圃場外に排水するために地中につくられた通水孔のこと。圃場の目標水位まで排水する本暗渠と、本暗渠に排水を導く補助暗渠に分けられる。

グライ層　土が水で満たされているため、空気（酸素）がほとんどない状態（還元状態）になっている土層。湛水された水田や排水の悪い畑で見られる。土の中の酸素が欠乏すると鉄は還元を受けて二価鉄となり青灰色を示す。一方、酸素が豊富にあると、鉄は酸化されて三価鉄となり褐色になる。

孔隙《こうげき》　土の粒子間のすき間のこと。孔隙は大小さまざまな大きさのものが存在しているが、大きな孔隙は透水性や通気性を高め（→ 水はけが良好になる）、小さな孔隙は保水性を高める（→ 水持ちが良好になる）。大きな孔隙は非毛管孔隙、小さな孔隙は毛管孔隙という。

耕盤　耕うんを同じ深さで繰り返すことによってできる硬く締まった部位。

硬盤　農地造成などの際に、ブルドーザなどの重機が何度も走行することによって、土が圧密を受けてできる硬く締まった部位。

作土　耕うんによってかく乱された土の部分。望ましい作土の深さは水田で 15cm 以上、畑地では 25cm 以上である。

三相分布　土は、固体である無機質と有機質の粒子、そのすき間を満たす空気と水から構成されている。この各々の容積比率を固相率、気相率（空気率）、液相率（水分率）といい、これらを合わせたものを三相分布という。三相分布は土の硬さ、水はけ、水持ちなどの物理的性質と密接に関係する。

すき床　農業機械や農具で土に圧力を加えたり、作土から溶脱した粘土などが下層の土のすき間を埋めたりしてできる作土直下の硬くてち密な部位。耕盤の一種であるが、とくに水田では漏水防止のために必要である。

炭素率　C/N 比ともいう。炭素と窒素の割合を表わす。炭素率が高い有機物ほど分解が遅くなる。

断面　圃場に穴を掘って、調査するために垂直に切った面。生産者が行なってきた土壌管理が反映された跡が観察できる。

窒素飢餓　農地に未熟有機物を施用すると、有機物を分解する微生物と作物との間で、土の中の窒素の奪い合いが起こる。その結果、作物は窒素不足の状態となり、生育が抑制される。

ち密度　土の粒子の詰まり方、すなわち粗密の程度を表わす。土の粒子が密に詰まっていれば土は硬くなる。

沖積　海水、河川水、湖水の営力によって岩石や土砂などが運搬され、堆積した状態をいう。

土層　圃場に穴を掘って断面を観察すると、土の色や硬さ、土性（砂や粘土の多少）、乾湿、礫の有無などが異なる層があるのがわかる。これらの層を土層という。

斑鉄《はんてつ》　水の影響で還元状態（酸素がほとんどない状態）にあった土が乾いたときに、鉄が酸化されて根の跡や土の亀裂面に沈着してさまざまな斑紋ができる。また、乾いている土では水の通り道にある鉄が灰色になり、酸化部位の褐色鉄と斑紋を成す。これらを斑鉄という。

腐植　土の中に含まれる有機物のこと。養分供給、団粒形成、保肥力の増加、緩衝能の増大などに寄与する。堆肥や緑肥などの施用によって腐植含量は高まる。

膨張性粘土　水を吸って膨張する性質を持つ粘土のこと。この粘土を多く含む土は水はけが悪い。乾燥状態になると、水を放出して収縮するため、圃場に大きな亀裂ができる。

母材　土のもとになっている岩石、火山灰や植物遺体をいう。

マサ土　西日本に分布する花崗岩《かこうがん》が母材の、ざらざらした砂がちの土。

明渠　表面水を排水するために地上に掘られた溝。溝掘り機を使って作溝し表面水の排除を促進する本明渠に対して、培土・土寄せによって表面水の通り道をつくる小明渠がある。

本書では「土壌診断」、「土壌改良資材」などという慣用熟語を除いて、「土壌」* ではなく、「土」という言葉を用いています。それは生産者のみなさんや生産現場で指導・助言をなさっているみなさんが、「土」という言葉を自分の生《い》き様《ざま》として愛着を持って使われていると感じているからです。

＊「土壌」という言葉には「作物を醸《かも》しながら（＝ゆっくりと）育てる大地」「ふわふわしたやわらかい大地」という意味がこめられています。そうした「土壌」ができる過程では（微）生物が関与しており、「壌」には（微）生物が醸し出す「ふわふわしたやわらかい土」という意味があるのです。

生産現場で見られる硬く締まった土層は、厳密にいえば、そのでき方* から「耕盤層」と「硬盤層」に区別されます。しかし、本書では基本的に「耕盤層」を用いることにします。

＊「この本で使われている専門用語」の「耕盤」と「硬盤」を参照してください。

Ⅰ　いま生産現場の土は？

1　作土が浅くなっている

水田は 13cm 前後、畑地は 20cm 以下

写真Ⅰ-1　プラウを使って秋うないをする生産者

10cm
作土深 10cm
根の下端 15cm
20cm
30cm

写真Ⅰ-2　10cm しか耕されていない畑の断面

根は 10cm 以内に集中しており、一番深いところでも 15cm までしか見当たらない。

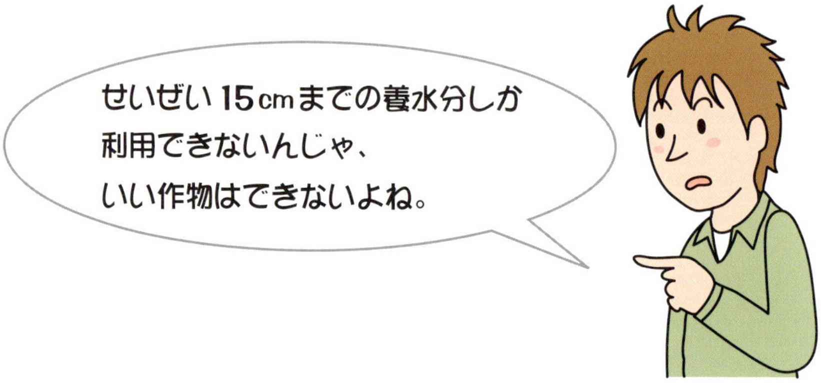
せいぜい 15cm までの養水分しか
利用できないんじゃ、
いい作物はできないよね。

2 土が硬くなっている

写真Ⅰ-3　農地を走り回るトラクタ

写真Ⅰ-4　コムギを刈る大型コンバイン　（写真提供：赤松富仁）

トラクタやコンバインなどの大型機械が使われている圃場では、作業時の走行で土が圧密を受けて耕盤層ができます。耕盤層ができると、作物の根張りは極端に悪くなります。

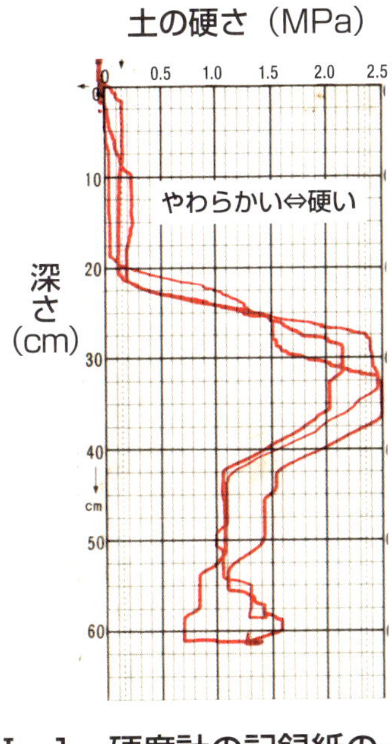

図Ⅰ-1　硬度計の記録紙の一例

これは硬度計の記録紙（チャート）だけど、深さ20cmから土が急激に硬くなって、30～40cmにかけて耕盤ができているのがわかるね。

3 水はけが悪くなっている

写真Ⅰ-5　いつまでも水が引かない畑 耕盤形成による排水不良。

近年は圃場が豪雨に見舞われるケースが多くなっています。

耕盤ができている圃場では雨水が抜け切らず、少し低いところに水たまりができます。集中豪雨があると、大量の水が流れてきて、圃場の表土が洗い流されたりします。

写真Ⅰ-6　上位面から流れてきた大量の水によって表土が流された圃場

4　深耕によって下層の土が露出している

写真Ⅰ-7　下層の赤土がむき出しになった畑

深耕して土がやわらかくなるのはいいことだけど、せっかくできていた水の通り道が壊れたり、下層の養分の少ない土が上に出てきたりするので、気をつけなくっちゃ。

深耕ロータリによる混層耕で、上層の黒土と下層の赤土が混ざった褐色の土層（約35cm、黄色の点線内）
ゴボウの根を下層まで伸ばすためのトレンチャ深耕の跡。上層の黒土と下層の赤土が入れ替わっている（約80cm、白色の点線内）

写真Ⅰ-8　深耕によって表層の黒土が失われたゴボウ畑の断面

5 病害が多発している

写真Ⅰ-9 ナバナ栽培圃場（左：根こぶ病未発生、右：根こぶ病発生）

久保田 徹ら（1987）
根こぶ病発生型土壌は、ち密化が著しく、インテークレートが非常に小さく、通常の畑状態におけるガス交換性（拡散係数と通気係数）が低かった。

これは専門的な話ですので、
ちょっと難しいですよね。

久保田先生たちは、「病気が出やすい土は、硬くて、水はけがとても悪く、土の中での空気の動きが小さかった」といっています。
このように、土の物理性も大いに作物生育に関係しているのですね。

6　土を知ろうとする人が増えている

こんな光景が
見られます！！

　土壌硬度計を水田に押し込むと、土がどのくらい硬いのか、みんな興味津々というところです。
　この後、自分でやってみる人たちが続出しました。

写真Ⅰ-10　耕盤（すき床）層の硬さを測る

自分の圃場の土の様子がわかれば、適切な管理ができますよ。
そうすれば、作物の収量もきっとアップするはずです。

写真Ⅰ-11　土の中の様子を知る

　生産者のみなさんが、土の断面を見ながら、日頃の管理で土がどう変わったのか、作物の根張りはどうなっているのかを熱心に学んでいます。

Ⅱ　まず見るべきは土の物理性

1　発見！　耕盤プレート

右の写真は千葉県の九十九里海岸平野の一角にあるネギ畑の土の様子を見たものです。

この畑には海が運んできた砂が堆積しています。土は大きく３つの層に分かれているのがわかります。

ごく表面の砂は乾いているので、白っぽく見えます。表面から約 18cm までが、普段からロータリで耕しているところです。そこが作土層です。耕しているのでやわらかく、断面には土を指で押し込んだ跡が見られます。その周りの土を見ると、つぶつぶ・ざらざらした感じで、団粒化しているのがわかります。実際、畑の表面にも大小さまざまの団粒が見られました（写真Ⅱ-2）。

その下の幅約 12cm の層は作土層とは大違い！　水分が多めで、のっぺり・つるんとしたかべ状で、いかにも締まっている感じです。実際、この部位の断面には根がわずかしか見られません。ここが耕うんの繰り返しによってできた耕盤層です。

写真Ⅱ-1　砂質土ネギ畑の断面　（写真提供：倉持正実）
作土層の下に耕盤層が見られる。

写真Ⅱ-2　大小さまざまの団粒が見られる畑の表面
（写真提供：倉持正実）

深さ約 30cm 以下からは黒い土層がありますが、これは湿潤な環境にある時代にヨシやガマなどの沼沢性植物が繁茂と枯死を繰り返して堆積したものと思われます。深さ 45cm 付近には海砂が入り込んだ黄色の層が見られます。この黄色は酸化鉄によるもので、土層が乾いていることを示しています。

さて、写真Ⅱ -1 の砂質土ネギ畑には確かに根張りを抑える耕盤層が見られるのですが、写真ではわかりにくいですね。そこで、次に調査したネギ畑で、「耕盤」というものの正体に挑戦しました。穴を掘った後、へらを使って表層から少しずつ土を崩していきました。

深さ 15cm 付近までくると急に硬くなり、かなり力を入れないと削れなくなりました。どうやらここが耕盤の上部のようです。この耕盤がどこまで続いているのだろうと思い、さらに断面の下部に指を押し当てていくと、またやわらかくなってきました。ここも何ら抵抗なく土が削れました。そして目の前に写真Ⅱ -3 のようなプレート状の耕盤が現われました！

作土層　約 15cm
耕盤層　約 20cm
心土層

写真Ⅱ -3　耕盤プレート
（写真提供：倉持正実）

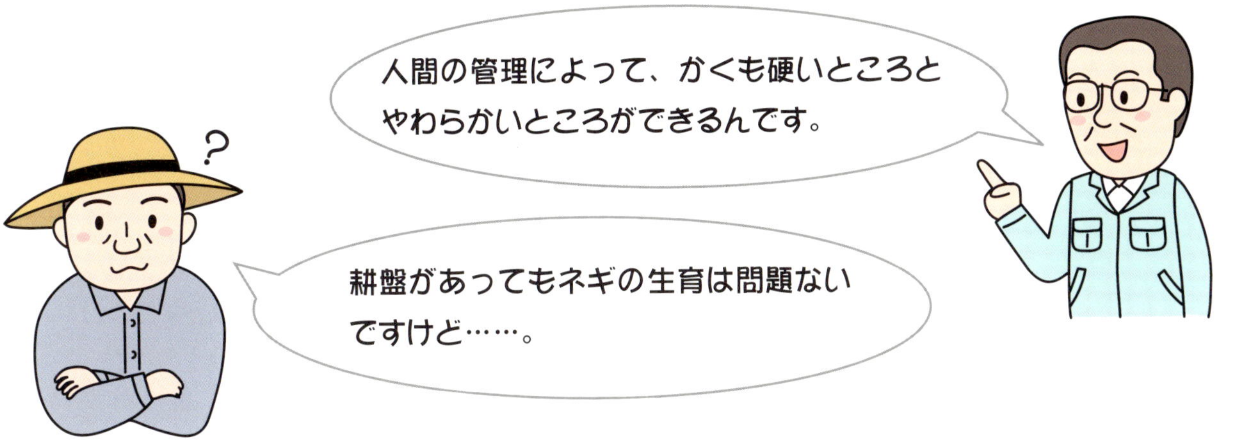
人間の管理によって、かくも硬いところとやわらかいところができるんです。
?
耕盤があってもネギの生育は問題ないですけど……。

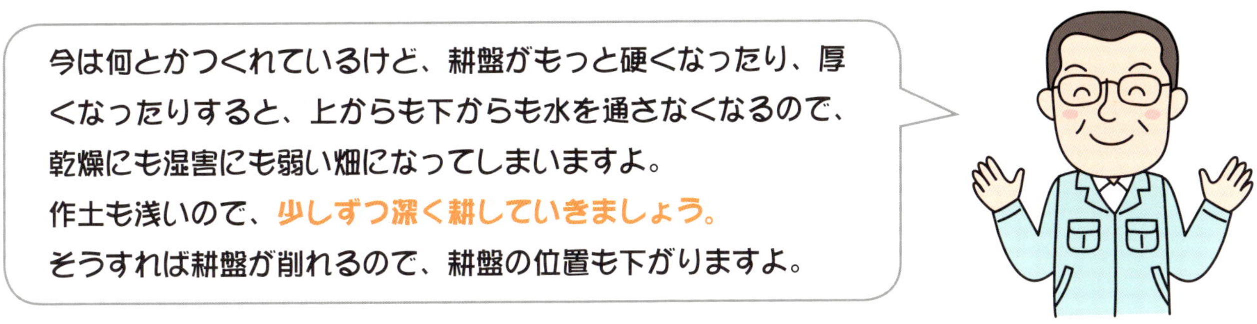
今は何とかつくれているけど、耕盤がもっと硬くなったり、厚くなったりすると、上からも下からも水を通さなくなるので、乾燥にも湿害にも弱い畑になってしまいますよ。
作土も浅いので、少しずつ深く耕していきましょう。
そうすれば耕盤が削れるので、耕盤の位置も下がりますよ。

2 一目瞭然！ 白ペンキ液で根跡や亀裂を知る

作物の根は土の中のすき間（土粒子間や土塊の亀裂、根跡）を通って伸びていきます。

同じように水や空気もこのすき間が通り道になります。土の中にすき間がたくさんあるほど、根は土の中に深く広く入り、水はけの良い生産性の高い圃場であるといえます。

このすき間が簡単にわかる方法が白ペンキ液流し込み法です（写真Ⅱ-4）。

底を抜いたバケツなど、筒状の容器を５cm くらい埋め込む。

５倍に薄めた水性ペンキをバケツ１杯分くらい流す。

1～2 時間後に流したところを掘る。

写真Ⅱ-4 白ペンキ液流し込み法

（写真提供：脇田 忍）

この白ペンキ液流し込み法を使って、土の中のすき間がどうなっているのかを見ました。

場所は岡山県新見市の山間地にある粘土質の畑です。県営の農地開発によって造成された畑で、当初はトラクタで耕うんするだけでも、ロータリに土が張り付いて重くなるし、土が湿っているときにトラクタを入れると潜り込んでしまい、大雨で水がたまればドロドロの状態になったということです。

そのように水はけの悪い畑でしたが、生産者は毎年有機物を入れて土の改良を行なってきました。その結果、10 年後には茶色だった表層の土が黒くなり、栽培しているトマトの味も上がってきました。今では通常の雨であれば水がたまることもありません。ただ、大雨が続くと、水が通路にたまり、場所によってはうねが水没するということです。そこで、白ペンキ液を流し込んで、土の中の様子を見てみました。

写真Ⅱ-5 を見ると、白ペンキ液がどのように流れていったのかがよくわかります。深さ

0～13cm　作土層①
トマト作付け前に軽くトラクタで耕うんされている。
毎年有機物を入れているので土は黒くなり、つぶつぶの団粒が見られ、根が多く張っている。

13～22cm　作土層②
トマト収穫後にうねを崩すためのロータリの爪が入る部分。
根の多くはこの下部で止まっている。

22～56cm　作土下層
造成時に盛土された部分で、その後は耕うんされていないため全体に硬いが、乾いてきて亀裂が入ったところや根が伸びた跡にすき間ができている。
トマトの根はこのすき間を通って伸びている。

56cm以下　造成前からあった土層（岩盤）
造成時の基盤になった部分で、硬い岩盤が露出している。

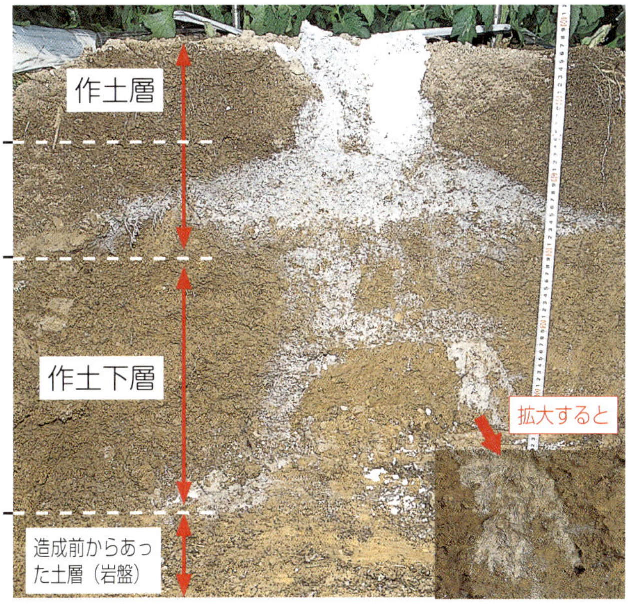

写真Ⅱ-5　浮かび上がった土の中のすき間　（写真提供：脇田忍）

22cmまでが作土層、いわゆるうねの部分です。白ペンキ液の動きは12～13cmまでは太く濃く、ストンと下に抜け、それより下になると大きく横に広がっています。これは12～13cmまではよく耕うんされている（すき間がたくさんあって水はけが良い）こと、それより下から22cmまでは耕うん時に圧密を受けて、すき間が少し狭まったために、白ペンキ液がジワジワと下降しながら広がっていったことを現わしています。

深さ22cmから56cmに見られる作土下層は造成したときに盛られた土で、その後は耕うんされていないため、作土層に比べればかなり硬い層となっています。これは図Ⅱ-1に示したように、土が20cm付近から急に重くなっていることからもわかります。白ペンキ液はこの硬い層の中で、乾いてできた土塊の亀裂（割れ目）やこれまでの栽培で伸びてきた根の跡（赤い矢印の拡大写真）をたどってさらに下降していき、最終的には岩盤のところで止まっていました。

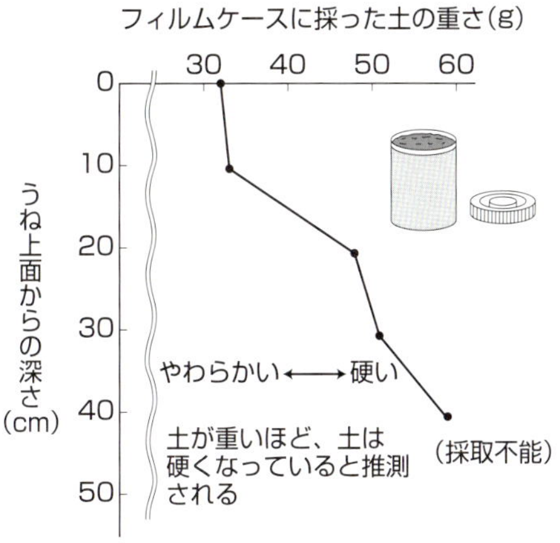

図Ⅱ-1 深さ別の土の重さ

（『現代農業』2006年10月号、p.78）

このように、水の流れはかなりスムーズであることがわかりました。しかし、作土層に比べれば作土下層の水の通り道は極端に少ないので、大雨が続くと作土下層の上部に当たる通路に水がたまってくるのは否めません。対策としてはハウスの周りに明渠を掘って外からの水浸透を防ぐのが良いと思われます。

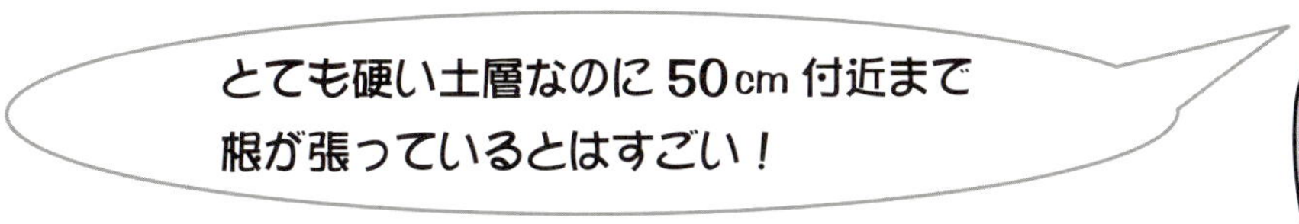

3 物理性改良こそキーポイント――ハウスインゲンの事例

大規模な水田転換工事によってできた千葉県君津市のハウスインゲンの生産団地の事例を紹介します。この団地では、栽培年数が進むにつれて収量が低下し、原因不明の病気が出ていました。地元の農業指導機関では、土の分析結果から有機物の過施用や多施肥によって養分が過剰蓄積していることをつきとめ、適正施肥を指導しましたが、それ以上に懸念されたのが物理性の悪化です。

基盤整備のときにブルドーザなどの大型機械が走り回っていたから耕盤ができているんじゃないかな。
水田転換した畑なので、地下水の影響があるかもしれないぞ。
やっぱり化学性だけじゃなくて物理性を調べる必要があるね。じゃあ、みんなで穴を掘って土の中の状態を見てみようよ。

物理性の悪化によるインゲンの生育不良要因として、①圃場基盤整備時のブルドーザなどの走行や耕うんの繰り返しによる圧密で耕盤層ができたため、土の中のすき間がつぶれて水や空気の通りが悪くなった（→不透水層の形成、通気性の劣悪化）、②客土された山砂は重いので、耕うん深度が浅くなっている（→作土の浅層化）、③山砂は水持ちが悪いので乾きやすい（→水分供給能の低下）、④もともと水田なので、地下水が上昇して湿害になる、などが考えられます。

これらの生育不良要因を確かめるには、**現場で穴を掘って土の中の状態を見る**必要があります。

（1）客土された圃場では耕盤層ができていた

写真Ⅱ -6　耕盤層が形成された圃場の断面

この圃場の断面をよく見ると、インゲンの根は深さ20cm付近まではバラバラと見られますが、それより深くなるとかなり少なくなり、30cmではほとんど見られません。

さらに、その下にある川砂層はのっぺりしたかべ状で、いかにも硬そうです。そこで土の硬さを測ってみました。図Ⅱ -2を見てください。土は深さ20cm以下で硬くなり始め、30cmでは一気に根が入らないほどの硬さになっていました。

この圃場では、客土された山砂や川砂が基盤整備時に重機による圧密を受けて、土粒子間のすき間がつぶれたために硬く締まった耕盤層ができてしまったのです。それでも栽培のたびに20cm以上の深さまで耕うんされているので、その部分はとてもやわらかくなっています。

この圃場は客土によって48cmのかさ上げがなされています。このうち、30cmまでは山砂、それ以下は川砂が使われています。30〜48cmの土層中に白く見えるのは貝片です。このことから、この部位の土は川砂であることがわかります。

48cm以下には土の色が黒く粘質で、客土部とは異なる土層が出てきます。これから下がもとの水田です。

75cmから下は地下水の影響が見られます。この部位の土は水で満たされているため、空気（酸素）がほとんどない状態になっています。このような土層をグライ層といいます。

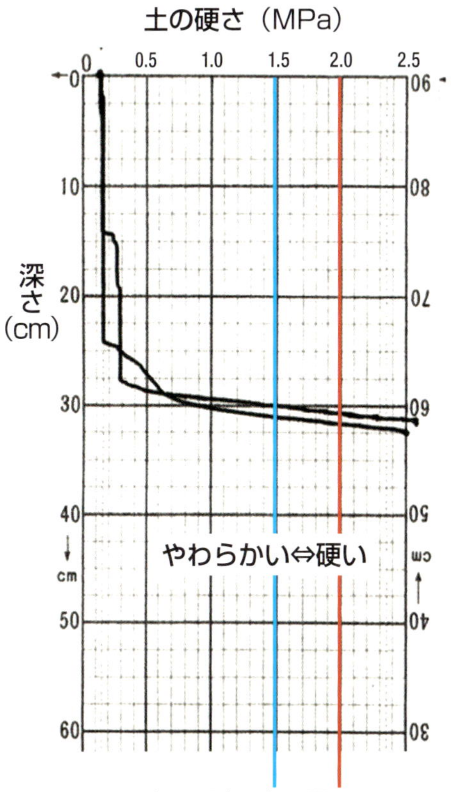

図Ⅱ -2　深さ別の土の硬さ

注）根は1.5MPa以上で伸びにくくなり、2.0MPa以上で入らなくなる。

■収量アップのための土層改良法

もとの水田に届く程度の深さを目標にサブソイラを入れて、作物根、水、空気の通り道を拡大します。もとの水田とつながることで、もとの水田からの養分や水分の供給も期待できます。

深耕ロータリで川砂客土部まで混層することは勧められません。養分の少ない川砂が混ざると、土づくりした山砂客土部の生産力が下がってしまいます。

（2）客土しなかった圃場では不透水層ができていた

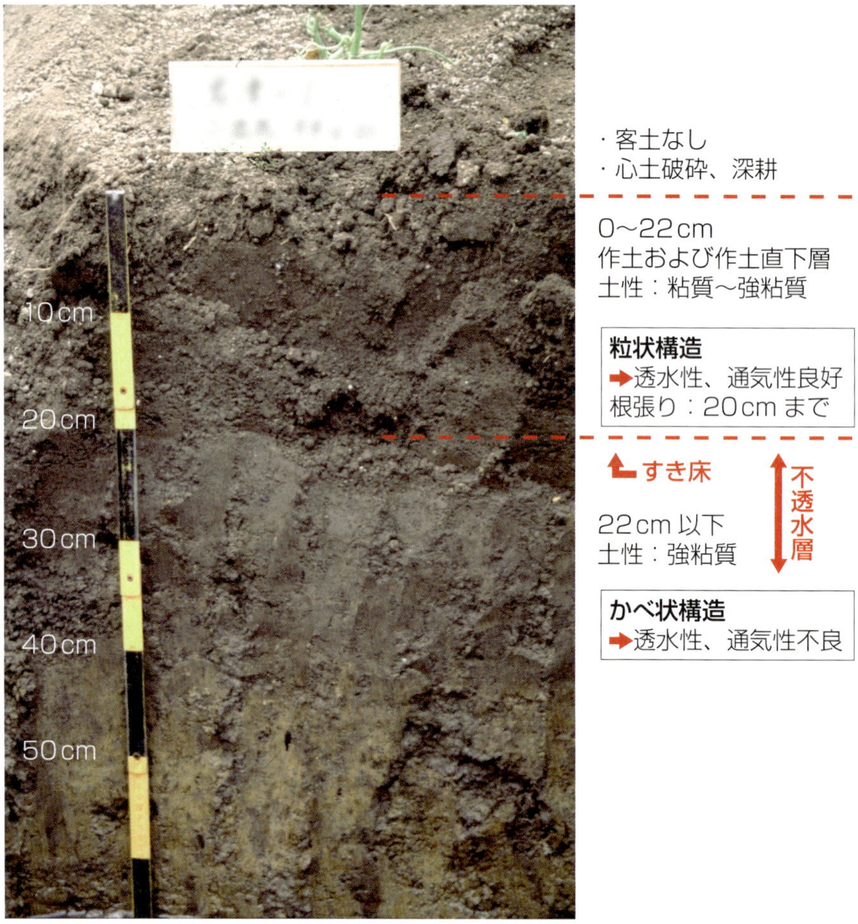

写真Ⅱ -7　不透水層が形成された圃場の断面

この圃場では客土はせず、心土破砕と深耕が行なわれました。土の色と土性（粘質ないし強粘質）から、深耕は深さ 40cm 程度であったことがわかります。そのうち 22cm までは耕うんが繰り返されており、土が乾いてきたこともあって粒状化しており、水はけ（透水性や通気性）が良好な土層になっています。しかし、その下には土のすき間がつぶれたすき床が見られます。さらに 22cm 以下の層はのっぺりとしたかべ状で、上の土層に比べてすき間が少なく、水はけが不良であることがうかがえます。

そこで、この圃場の土の硬さ、空気率、透水性を調べてみました（図Ⅱ -3）。

土の硬さを見ると、深さ 25cm 付近からやや硬くなっているものの、根張りを制限するほどのものではありません。一方、土の中の空気率は 20cm 以深では 4%以下、透水性は 1cm/ 日で、作土部（10～15cm）に比べて極端に小さくなっています。これはすき床の下に**空気がきわめて少ない不透水層ができている**ことを示しています。これではインゲンの根は伸びていけません。根が 20cm までしか見られなかったのも不透水層があるからです。図Ⅱ -3 の右図から、不透水層は深さ 20～25cm に見られ、さらにその下層にも連続的に見られることがわかります。

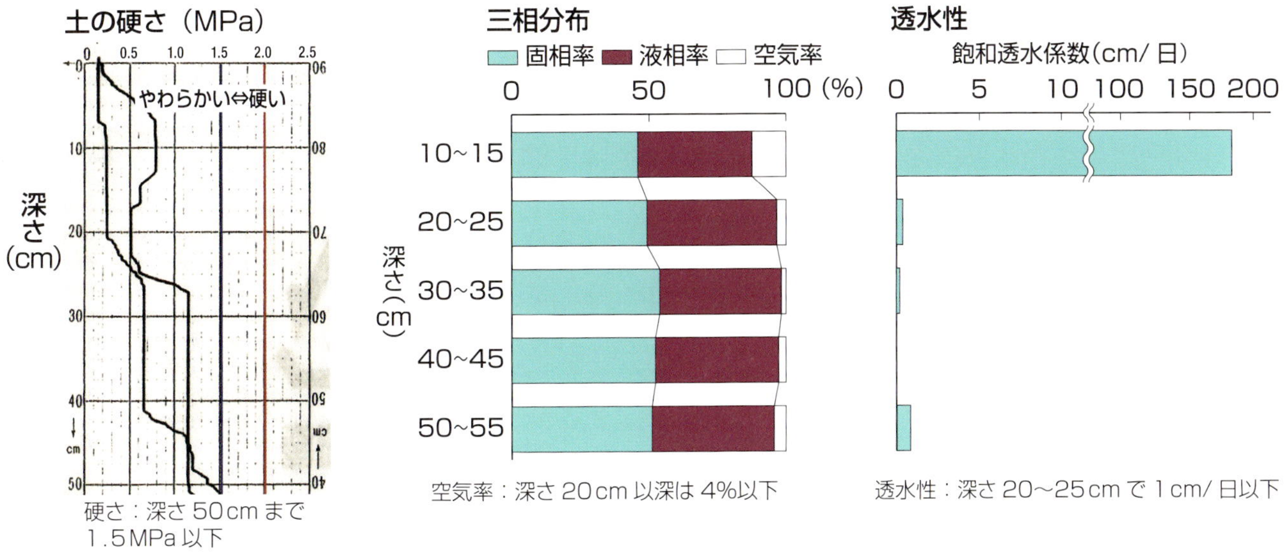

硬さ：深さ50cmまで
1.5MPa以下

空気率：深さ20cm以深は4%以下

透水性：深さ20~25cmで1cm/日以下

図Ⅱ-3　調査圃場の土の硬さ、三相分布（空気率）、透水性

作土層を通過してきた水は不透水層に達すると、粘土に取り込まれてきわめてゆっくりと下層に浸透していきます。そのため、水を過剰にかけると、水は不透水層の上部にたまるため、水はけの悪い圃場であるといえます。

なお、この圃場の粘土質の土は水を含むと膨張する性質（これを膨張性粘土といいます）を有しています。そのため、土粒子間のすき間が狭まり、透水性が悪くなりやすいのです。

■収量アップのための土層改良法

深さ50~60cmに暗渠を入れて排水促進をうながして、とくに20cm以深の不透水層の部位を乾かすようにします。この圃場の土は膨張性粘土が主体なので、土層が乾けば粘土が水を失って収縮して亀裂ができます。亀裂ができれば、水や空気の通り道となり、根が伸びていきます。また、高うね栽培も根域を広げる手軽な方法です。

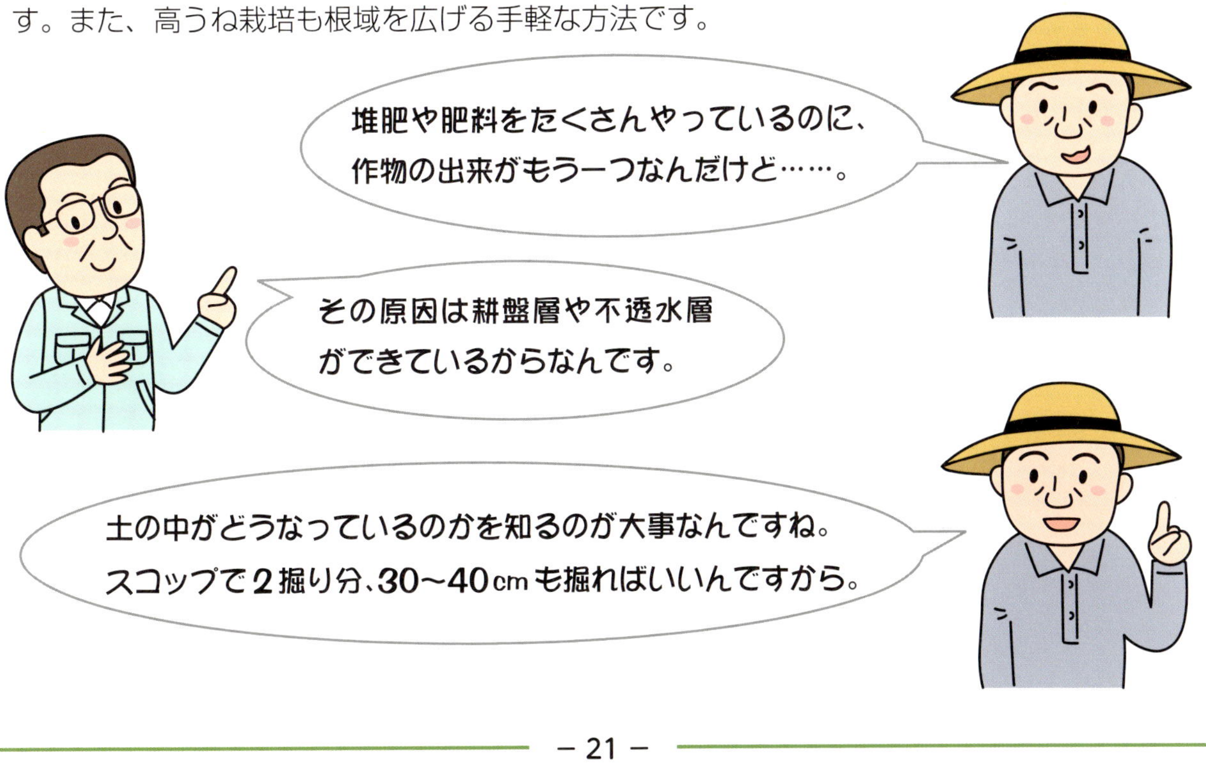

(3) 土の物理性改良で収量増加!

土の物理性の良し悪しの判断基準となる畑の場合の改良目標を表Ⅱ-1に示しました。根域(根張り)は深さ30cm以上であること、耕盤層がないこと、水は深さ50cm以上の土層中を1日当たり10mm以上の下方浸透すること(深さ50cm以下まで)、地下水位は100cm以下まで出現しないこと、などが物理性の良い土の条件となります。

表Ⅱ-1 土の物理性の改良目標

項目	作土層	根域	耕盤層	不透水層	通気性劣悪層	水分供給能	地下水位
深さ(cm)	25以上	30以上	なし	50以下	50以下	−	100以下
条件	−	−	ち密度23mm以下	透水性 $10\,mm\,day^{-1}$ 以上	空気率10%以下	50cm土層厚で40mℓ以上	グライの出現する深さ

注)千葉県作物別土壌物理性診断基準をもとに作成。

穴を掘って調査した圃場の17カ所をこの表の要件に当てはめたところ、①耕盤層ができていた圃場は10カ所、②不透水層ができていた圃場は9カ所で、このために約3/4の圃場が土の中の空気の割合が10%以下しかなく、インゲンの根が伸びにくい状態にあることがわかりました。一方、地下水位が高く湿害になるおそれのある圃場は2カ所だけでした。

以上のように、大規模な水田転換による基盤整備では耕盤層や不透水層ができやすく、この対策として、耕種的には高うね栽培、多灌水による湿害の回避、土層改良的には深耕プラウ、サブソイラによる耕盤層破砕、暗渠排水の積極的利用による不透水層の亀裂形成などを実施するよう提案しました。併せて土の化学性診断も行ない、適正施肥と土づくりを指導した結果、インゲンの生育は良好となり、**調査前に比べて収量は20%も高くなりました。**

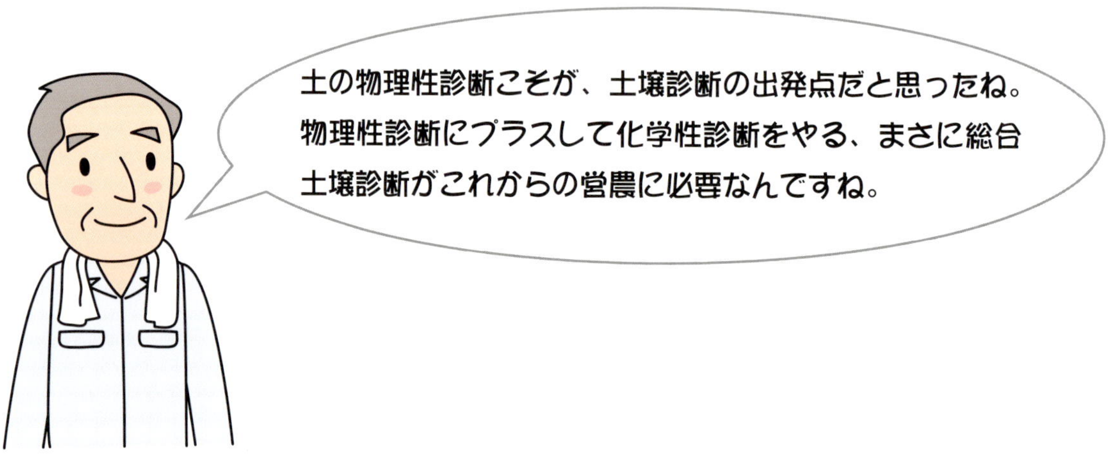
土の物理性診断こそが、土壌診断の出発点だと思ったね。
物理性診断にプラスして化学性診断をやる、まさに総合土壌診断がこれからの営農に必要なんですね。

（4）土の物理性改良で病害抑止！

調査当時、原因不明の病害が発生しており、現場で大きな問題になっていました。その症状は一目瞭然で、写真Ⅱ -8 に示したように、丈が短く、下位葉が黄化し、掘ってみると細根が黒く変色しているというものです。そこで、この病害が発生している 2 カ所の圃場を調べた結果を表Ⅱ -2 に示しました。病害発生圃場 A、B は未発生圃場 C に比べて pH が高く、耕盤層や不透水層ができているため、根域が狭く、水はけが悪いことがわかりました。

写真Ⅱ -8　インゲン黒根病の症状（写真提供：香川晴彦）

インゲンの
立枯れ症状
・細根が黒変
・丈が短い
・下位葉が黄化

↓

インゲン黒根病
（当時の新病害）
土壌 pH が高く、排水の悪い圃場で激発

この調査結果がきっかけとなって、この病害はチャララ・エレガンスという病原菌が引き起こすインゲン黒根病であることが、植物病理の専門家によって明らかにされました。

この病原菌は調査結果のとおり、pH が高く水はけが悪いところで激発する性質があるので、ピートモスの施用と深耕による排水改良を実施した結果、**黒根病の発生を抑えることができ、収量も 50%前後アップしました。**

土の物理性を改良して水はけが
良くなったら、病気も治まったし、
インゲンもたくさんとれた！

表Ⅱ -2　インゲン黒根病発生圃場および未発生圃場の土の状態

地点	pH（水）	根域 (cm)	耕盤層 (cm)	不透水層 (cm)	通気性劣悪層 (cm)	初発時期	発病株率 (%)
A	6.5	△29	△40	△30	△30	4 月下旬	3.8
B	6.4	× 17	△35	× 20	△30	4 月下旬	8.8
C	5.7	○40	○なし	○なし	○50	発生なし	0.0

注 1）A、B：黒根病発生圃場、C：未発生圃場
　2）物理性改良：○ 必要なし、△ 検討を要す、× 必要

Ⅲ　これならできる！ 土の見方・基礎編

・肥料をやっているわりには、作物の出来が良くない。
・大雨が降ると、なかなか圃場の水が引かない。
・土が乾きやすいので、頻ぱんに灌水をする。
などということはありませんか？

それは、作土が浅かったり、土が硬かったりすることが原因かもしれません。ちょっとの時間で調べることができますよ。

まずはあなたの圃場に出て、作物生育の良いところ、悪いところなど、気になる場所を調べてみましょう。

1　地面の上から先の尖った棒を刺して入らなくなる深さを調べる

およその作土の深さ（耕うんされている深さ）がわかります。

棒は長さ 1ｍ 程度の栽培用支柱などを使います。

■作土の深さは、水田で15cm以上（最低12cm）、畑地で 25cm 以上（最低 20cm）が望ましい

水田で 12cm 以下、畑地で 20cm 以下の場合は、トラクタの走行速度を遅くして耕すようにします。ただし、一度に深く耕すと、養分の少ない下層の土が混ざって地力が低下したり、稲わらが作土の下部に入ってしまい、分解が遅れて水稲の根を傷めたりすることがあるので、圃場（土）の状況を見て判断するようにします。

写真Ⅲ-1　作土の深さを調べる

2　圃場に未熟な物質が残っていないか、土のにおいをチェックする

未熟な家畜ふん堆肥が散布されていたり、水はけが悪かったりする圃場では、腐敗臭やカビくさいにおいがします。そのような圃場では病気も出やすいので注意しましょう。

■異臭に対しては分解を進める方法をとる

異臭のする圃場では耕うんして土の中に空気を入れてやり、未熟物の分解を進めるようにします。明渠（排水溝）を掘って水はけを良くすると異臭分解効果が高まります。

写真Ⅲ-2　土のにおいを嗅ぐ

3　スコップで作土の下まで穴を掘り、根がどこまで張っているかを見る

写真Ⅲ-3　穴を掘る

スコップで2掘り分、深さ30～40cmの穴を掘って、根張りの状況を見ます。とくに、土が硬い作土層の下（15～25cm付近）を中心に調べます。

どこまで根が張っているのか、根はたくさんあるか、新鮮な根が見られるかをチェックします。少なくとも穴を掘った40cmの深さまで根が張っていないようであれば、土の中が ①硬い、②過乾、③過湿の状態にあると思われます。作物生育が悪いところを調査する場合は、その比較として生育が良いところも調査すれば、生育が悪い理由が明瞭になります。

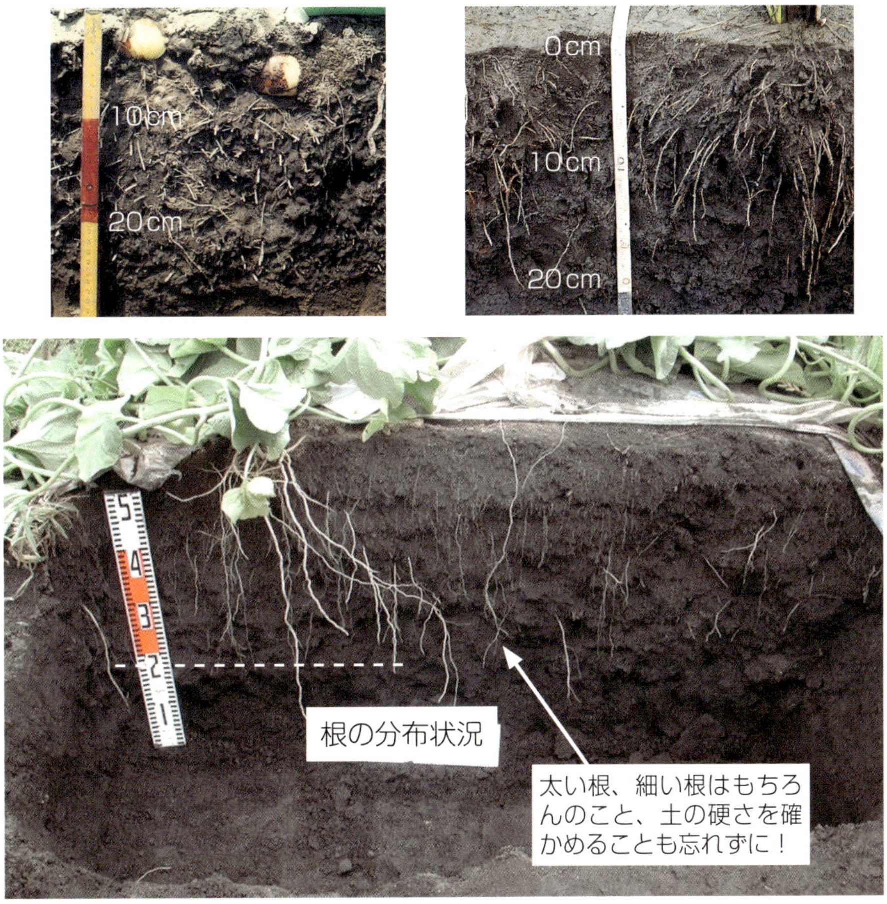

写真Ⅲ-4　いろいろな作物の根張りの状態
左上：タマネギ、右上：イネ、下：メロン。

ポイント：根張りの制限因子は「硬い」か「乾湿」

ちょっと深掘り 1

空気の「ある・なし」で根張りはこんなに違う

畑作物や野菜、果樹、花きなどの生育には、土、水とともに空気が必要です。実際、作物の根が健全に生育するためには土の中に 15～20％以上の空気が必要といわれています*。ところが、土が硬くなっている圃場では土の中のすき間がつぶれて、空気量が不十分となって、根張りが悪くなり生育が不良になります。

作物の生育にとって空気はとても重要です。そのことを実感できる写真を以下に示します。水耕でキュウリを用いて、「無通気」「通気」「湿気空間」の 3 試験区をつくって、根張りの状況を調べた写真です。3 試験区の根張りの違いは一目瞭然！ 空気が供給されない「無通気」区ではわずかに株の周りに根が見られるのに対して、常に十分な空気量が供給されている「通気」区では水槽の下部まで根が張っています。

さらに、「湿気空間」区では水槽の上部に根張りが集中しています。この区は定植パネルを水面から離してあり、水面との間に空間ができています。空間内には十分な空気と湿り気があり、この空気中の酸素が培養液中に溶け込んで培養液表層の溶存酸素濃度を高めており、キュウリの根はそれを求めて伸び広がっています。また、根は空間中に存在する酸素を取り込んで伸びています。このように、作物は空気（酸素）のあるところに根を伸ばしていくのです。

＊千葉県：主要農作物等施肥基準、p.25（2009）。

写真Ⅲ -5　キュウリの水耕試験の様子

（写真提供：岡部勝美）

キュウリ品種：夏すずみ、定植：2013 年 10 月 3 日。
左から「無通気」「通気」「湿気空間」。右端は番外。
撮影：2013 年 10 月 30 日。

写真Ⅲ -6　無通気区（左）、通気区（中）、湿気空間区（右）のキュウリの根（写真提供：岡部勝美）

注 1）← は定植パネルの位置を示す。
2）水槽中に伸びているパイプは給液チューブ。

4　指を土の断面に押し当てて土の硬さを見る

土の中の硬さは、30〜40cm 掘った土の面（土壌断面）に指を押し当てて調べます。表Ⅲ-1 および写真Ⅲ-7 に示したように、指の入り具合で、だいたいの硬さがわかります。

表Ⅲ-1　指の入り方と硬度計の関係

指の入り方	土壌硬度計（mm）
1 指が抵抗なく入る	10以下
2 やや抵抗があるが入る	11〜15
3 かなり抵抗があるが第一関節ぐらいまで入る	16〜20
4 入らないがへこむ	21〜24
5 指跡がつく程度	25〜28
6 指跡もつかない	29以上

指が抵抗なく入る（1）

入らないがへこむ（4）

指跡もつかない（6）

写真Ⅲ-7　断面に指を押し込む

（写真提供：倉持正実）

「祝い箸」などを使って、5〜10cm ごとに断面に刺していけば、深さ別の硬さが一目瞭然です（写真Ⅲ-8）。

土が硬ければ根は伸びていけません。土が硬い原因として、①作業機械の走行による圧密で深さ 20〜30cm 付近の土が締まっている、②耕うんの繰り返しで耕盤ができている、③作土の下に鉄の集積層（鉄盤層）がある、④礫混じりの土が出てくる、などが考えられます。

＊指の入り方と作物の根張りの関係

4 入らないがへこむ ➡ 根張りが悪くなる

5 指跡がつく程度 ➡ 根はほとんど入らない

写真Ⅲ-8　祝い箸を使って硬さを見る

■有効根群域（作物が伸長する深さ）は最低でも 40cm は必要

40cm より浅い部位が硬くなっていて、根が伸びていない場合は深耕用機械を用いて硬い層を破砕します（Ⅴ章参照）。深耕ロータリ耕やトレンチャ耕では養分の少ない下層部が表層部に出てくるので、有機物や土づくり資材の施用が必要になる場合があります。

土層をなるべく壊さないようにして深耕するには、パンプレーカ、サブソイラなどが適しています。最近はプラソイラやパラソイラも使われています。礫混じりの層が見られる場合は除礫が理想ですが、多大な労力・経費がかかるので、必要根群域を確保できる高うね栽培を勧めます。

5 断面から土塊を削り取って乾湿の程度を見る

断面から削り取った土塊を握りしめて湿りの程度を調べます。湿りを感じないようなら、水はけが良すぎて乾きやすい圃場であり、指の間から水滴が落ちるようなら、水はけが悪くて湿害を受けやすい圃場であるといえます。

（1）乾きやすい圃場

乾きやすい圃場は砂が多く、有機物が少ない場合（土色は褐色～褐灰色）が多いです。また、過度に耕したり、深耕ロータリ耕をした圃場も乾きやすくなります。

■降雨後、2～3日の時点で、作土下部まで湿りを感じない

このような圃場では、基本的に堆肥施用を勧めます。水持ちを高めるには稲わら、もみがら、おがくず、バークなどの植物質が入った堆肥が望ましいです。有機物の補給には緑肥の作付けも好ましいです。土の表面が乾きやすい圃場ではマルチを敷いて、水分の蒸発を防ぎます。畑地面積の広いところでは灌がい施設の導入も考慮します。

（2）水はけが悪い圃場

水はけの悪い圃場は粘土が多いところに多く、土の中の空気が不足するため、圃場では根が腐っているのが見られます。周りに水田があり、灌がい水や地下水の影響を受ける圃場では土が黒灰～灰色をしていることがあります。これは土が酸素不足の環境下でできるもので、生育不良になる可能性が高いことを示しています。

■降雨後、丸1日経っても水が引かず、圃場に入れない

このような圃場でも、改良の基本は植物質が入った堆肥施用です。堆肥は土の中に団粒構造をつくり、大きな孔隙（すき間）を増やすので、水はけ（透水性、通気性）が高まります。粘土が多い圃場では、砂の入手が可能であれば5～10t/10a程度を作土に客入します。ただし、水田では耕うん・代かきの繰り返しによって、比重の重い砂が作土下部にたまって砂層をつくるので、注意が必要です。

水はけがかなり悪い圃場では、表面水除去のための明渠（排水溝）を掘るようにします（深さ20～30cm。間隔5～10m）。地下水の影響が深さ40cm以内に見られる圃場では、暗渠の設置を検討する必要があります。

ちょっと深掘り ②

「透水性」と「排水性」

農業生産現場では「水はけ」という言葉をよく使いますが、「排水性」を指す場合と「透水性」を指す場合、その両方を指している場合があります。「透水性」と「排水性」は同じ意味に思われるかもしれませんが、そうではありません。

「透水性」とは土の中を水が通りやすいかどうかであり、土の持つ物理的性質そのものを意味しています。一方、「排水性」とは多くは圃場から過剰の水が排除されやすいかどうかであり、明渠（排水溝）などによって圃場外に排除されればよく、必ずしも土の中を通る必要はありません。

本書で、「水はけ（が良い、悪い）」というのは、土の持つ物理的性質である「透水性（が良い、悪い）」という意味で用いています。

ちょっと深掘り ③

耕うんのやり過ぎで水はけの悪い圃場をつくっていた？

圃場管理に熱心な生産者のなかには、無作付け中の圃場を少しでもきれいにしておきたいという思いと雑草を抑える目的を兼ねて、耕うんを繰り返すケースが見られます。下の写真は多回数の耕うんをしている生産者の圃場です。表土はサラサラとした粉状になっており、容積当たりの土の重さが周囲の圃場に比べて 10%前後軽くなっていました。

耕うんをやり過ぎると、土粒子間の構造が壊れてバラバラになり、雨が降るたびにバラバラになった土粒子が下層のすき間に入り込み、水はけを悪くさせます。また、降雨の後、乾くと土の表面が硬くなって土膜（クラスト）ができ、地表面からの水の浸透が妨げられます。

一方で、火山灰土（黒ボク土）のようにもともと軽い土では、空気の入る大きなすき間がさらに増えて乾くようになり、風が吹くと土が飛びやすくなってしまいます。養分の多い作土の部分が失われるのは大きな損失です。

写真Ⅲ -9　過耕うんで土が粉状になった圃場
黒っぽいところは土が湿っている。

ちょっと深掘り ④

圃場の排水性を改善する

圃場の大区画化や作業機械の大型化などによって、排水性の悪い圃場が増えています。加えて、近年の集中豪雨により圃場が冠水したり、水たまりができたりして、湿害が発生するケースも見られます。そのような被害を少しでも軽減するために、生産者自ら実施できる排水性改善対策を以下に示します。

① 耕うん作業は土が乾いているときに行なう

土の水分が多いときにロータリやハローで砕土・整地作業をすると、土が練り返されたり、耕うんの底面にすき床ができたりして、水はけが悪くなります。これはプラウ耕でも同様です。耕うんは土が乾いているときに行ないましょう。

② 高うねや培土を行なう

高うねにして豪雨時でも水に浸からないようにしたり、培土・土寄せにより水の通り道（小明渠）をつくったりすることで、湿害の軽減が期待できます。

③ 圃場に傾斜をつける

水田用レーザ均平機があれば、均平化作業に加えて傾斜をつけることも可能です。1/500～1/1000 程度の緩やかな傾斜をつけることによって、地表面の排水が促進されます。また、凹地がなくなるので、水たまりもできません。

④ 明渠を掘る

枕地や圃場周囲に水たまりができる場合は溝切り（圃場内作溝明渠）をして排水します。溝に集めた水は本明渠や落水口につないで圃場の外に排水するようにします。溝切りした圃場では防除など他の作業時には安全に気をつけましょう。

⑤ 有機物を施用する

稲わら、もみがらの植物質素材やよく腐熟したバーク堆肥、おがくず堆肥、トウモロコシやソルゴーなどの緑肥をすき込むと、土がやわらかくなるとともに、団粒化が進んで、水はけが良くなります。すき込み量は堆肥で 1～3t/10a とします。

⑥ 補助暗渠を施工する

生産者が自ら実施できる補助暗渠としては、①心土破砕（広幅型を含む）、②もみがら暗渠、③弾丸暗渠、④穿孔《せんこう》暗渠、などがあります。圃場の状態に応じて目的にあった工法を選びます。本来、補助暗渠は本暗渠に水を導くために施工されるもので、本暗渠と直交させます。本暗渠がなかったり、下層の透排水性が不良であったりすると、補助暗渠に水が集まって部分的な湿害を起こすことがあります。

表Ⅲ -2　補助暗渠の工法と期待される効果

工　法	耕盤層対策	排水対策	使用機械の例	特記事項
心土破砕	○～◎	△～○	サブソイラ、パラソイラ	歩く速度以下でゆっくり施工
広幅型心土破砕	◎	○	プラソイラ、ハーフソイラ	
もみがら暗渠	◎	◎	モミサブロー	心土破砕と同時にもみがらを充填
弾丸暗渠	○	○	振動サブソイラ	弾丸状のアタッチを付けて施工
穿孔暗渠	－	◎	ポストホールディガ	縦穴を穿って、もみがらなどを充填

注）効果の程度：大きい順に、◎＞○＞△で示す。

6　土の養分分析をする必要があれば、採土する

pH、EC、窒素、リン酸、カリなど、土の中の養分関係を調べる必要があると判断した場合は、ごく表面の土を削った後、作土部を一定の厚さで採取し、ビニール袋（18 × 25cm 程度）に入れます。作土下層の養分状態を知りたい場合は、目的とする深さまで採土します。とくに樹園地では深さ 20〜40cm に根が多く分布するので、この部位まで採土するようにします。採取した土を新聞紙の上に薄く広げて乾かして分析用サンプルをつくり、分析機関（たとえば、もよりの JA）に依頼します。

1　土を採る場所と時期

土のサンプルは中央と対角線の5カ所から採り、合わせて均一にしてください。
収穫後、次作の作業（耕起・施肥）に入る前に採取しましょう。

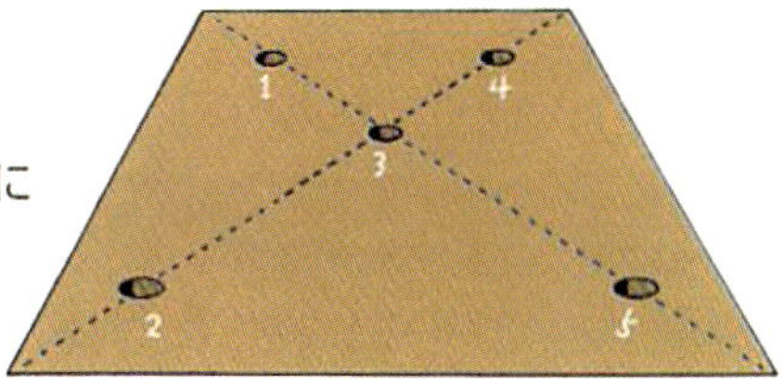

2　土の採り方

表土1㎝くらいを除いてから、深さ10〜20㎝の作土を移植ゴテで採ります。

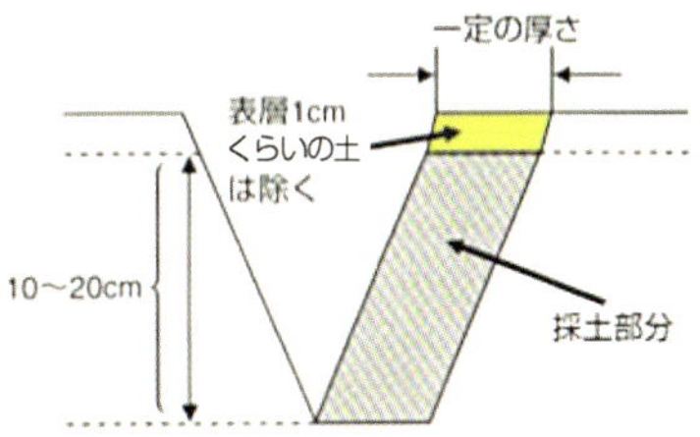

3　採取した土を乾かす

採取した土は、新聞紙などの上に薄く広げ、風通しの良いところで1週間くらい乾燥させます。

サンプルを土壌採取袋に入れる

JA所定の土壌採取袋（封筒）に土のサンプルを入れ、必要事項を書き込んで、JAの担当職員へお渡しください。

図Ⅲ-1　土の採り方と調整の仕方（JA に分析を依頼する場合）

（1）水稲圃場の土の採り方

図Ⅲ-1 に示したように、圃場中央部と、その対角線上の 5 カ所から採土して混合し、一つのサンプルとします。

（2）露地・施設野菜圃場の土の採り方

■うねのある圃場の場合

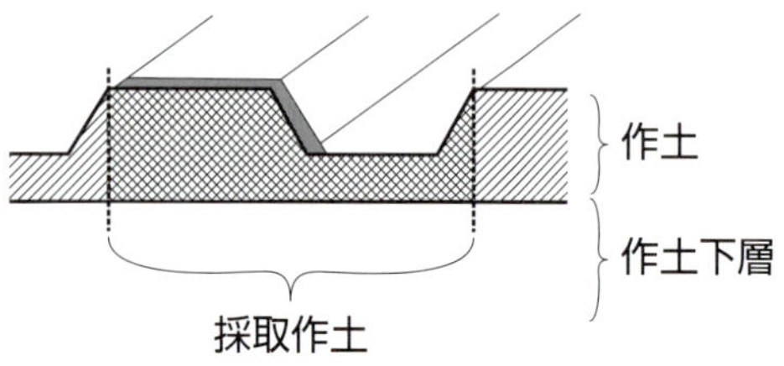

図Ⅲ-2　うねのある圃場の土の採り方

隣のうねにかけて採土します。うね部と通路部に分けて採土する場合もあります。

■うねのない圃場の場合

水稲の場合と同じです。ただし、施設では出入口や窓付近は避けて、中央部の土を採るようにします。

■傾斜のある圃場の場合

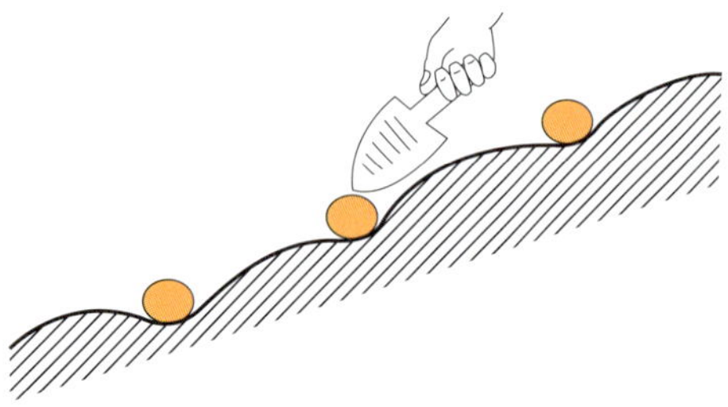

図Ⅲ-3　傾斜のある圃場の土の採り方

上部、中部、下部に分けて、それぞれ 3 カ所程度から採土します。

傾斜のある圃場では土が上部から下部に移動して堆積している場合が多いので、別々に分析することが望ましいです。

（3）果樹圃場の土の採り方

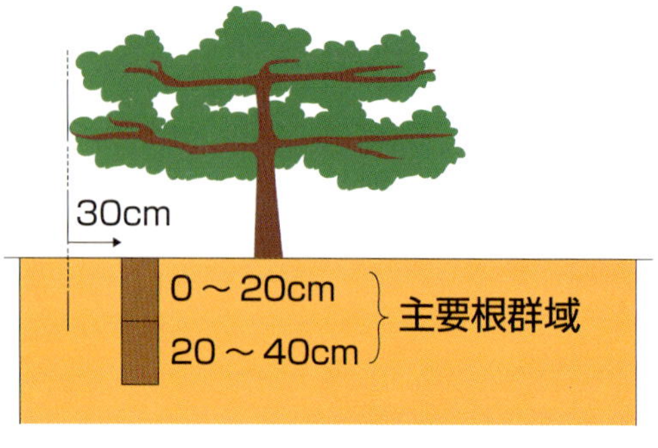

図Ⅲ-4　果樹圃場の土の採り方

圃場から代表的な樹体を 5～6 本選び、それぞれの樹の樹幹先端から 30cm くらい内側の 2～3 カ所で主要根群域（30～40cm まで）を上下に 2 等分して採取し、各層ごとに混合します。

マルチ資材や未分解有機物がある場合は、これらを取り除いてから採土します。

Ⅳ　名人になる！　土の見方・上級編

営農指導員や普及指導員が生産現場で行なう土の調査は、生産者が栽培している作物生育の良し悪しを圃場の土の状態から判断し、問題があれば土壌・土層改良を提案するというプロセスをとります。すなわち、土を採取して化学性を調べるのではなく、その場で物理的な阻害要因を調べるのです。

圃場の土を掘れば、その生産者の営農・肥培管理を反映した土の姿が見られます。具体的には 30〜40cm も掘ってみれば、どのくらいの深さまで耕うんされているのか（＝作土）、作土の下の土の硬さや水分は好ましい状態になっているのか、といったことがわかり、作物の根っこはどこまで張っているのかを確認すれば、作物にとって土の中が生育に好適な状態にあるかどうかを見分けることができます。

このときにもっとも重要なことは、生産者が立ち会うことです。今までに実施された耕うん方法、排水対策、客土、施肥、資材施用などの土壌・土層改良や作物の生育などの情報を、指導員と生産者の間で確認・共有しましょう。そのやり取りのなかで、今後の土壌管理の方向を決めていくことが大事です。

1　土の状態を見る前に

（1）どんな時期に圃場のどこを見るのか

作物の生育の良し悪しに圃場の土が関係していないかどうかを調べることが目的なので、基本は作物が栽培されているときに行ないます。この場合、多くは作物の生育の悪いときに行なわれるので、比較対象として生育の良いところも併せて調査するようにします。

作物が栽培されていない時期に調べる場合は、収穫が終わった後のできるだけ早い時期に行なうようにします。収穫後 1 カ月以内であれば根の観察も可能です。調査場所は作物生育の良し悪しがわかる場合はその地点を、わからない場合は圃場の中央部とします。生産者が気になっている場所（いつも生育が悪い、水はけが悪い、他の場所より早く乾くなど）を調べるのもよいでしょう。

圃場造成による切土・盛土、暗渠の位置、深耕の有無などがわかる場合はそうした条件をおさえたうえで、調査場所を決めます。その際、検土杖（ボーリングステッキ）があれば何カ所かを調べて、適当な場所を決めることができます（検土杖の使い方は p.54 参照）。

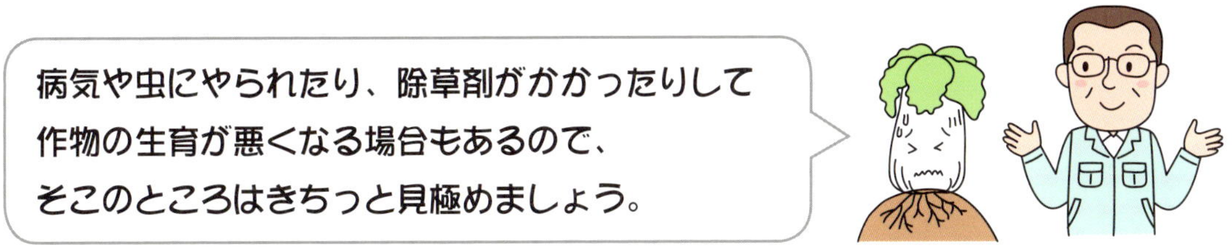
病気や虫にやられたり、除草剤がかかったりして
作物の生育が悪くなる場合もあるので、
そこのところはきちっと見極めましょう。

（2）圃場の立地状況を知る

圃場に立って周囲を観察し、地形、水利状態、土の種類、圃場の状態を把握します。たとえば、圃場が丘陵地にあるのか、低地にあるのかによって、土の種類やその特性が推定できます。

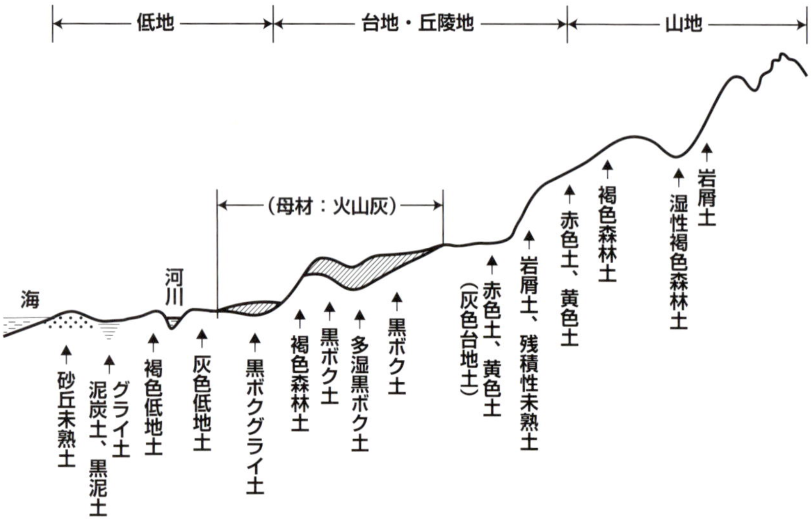

図Ⅳ-1　地形と土の種類の関係

地形と土の種類の関係を図Ⅳ-1に示しました。山地・丘陵地・台地には褐色森林土、赤色土、黄色土、黒ボク土が分布し、主に畑地、樹園地として利用されています。一部には溜池利用の水田（灰色台地土）も見られます。一方、低地には褐色低地土、灰色低地土、グライ土、黒泥土、泥炭土などが分布し、褐色低地土は主に畑地、その他は水田利用されています。

それでは実際に二つの写真から地形と土の種類の関係を見てみましょう。写真Ⅳ-1は群馬県・嬬恋村のキャベツ畑で、浅間火山地上にあり、浅間山から噴出した火山灰から成る黒ボク土（火山灰土）です。また、写真Ⅳ-2は大分県・田染庄の水田で、桂川の支流、小﨑川扇状地に広がる棚田地形となっており、河成沖積性の灰色低地土かグライ土であると判断できます。

黒ボク土では土の黒さ（保水力、保肥力などに関係）や耕盤形成の有無（作物の根張り、透水性、通気性などに関係）を、低地土では地下水位（土層の乾湿の程度に関係）やすき床層の形成の程度（水持ち、作物の根張りなどに関係）を必ず調べるようにします。

土の種類は土壌図でも確認できます（p.53参照）。

写真Ⅳ-1　群馬県・嬬恋村のキャベツ畑

（写真提供：嬬恋村役場）

写真Ⅳ-2　大分県・田染庄の水田の景観

調査圃場では、①日当たり、風当たりが良いかどうか（作物の出来に関係する）、②傾斜がきついか平坦かどうか（作業性や降雨後の排水性に関係する）、③隣は水田かどうか（水が影響する可能性がある）、④道路かどうか（道路が圃場よりも高いと大雨時に圃場が水びたしになる可能性がある）、⑤土が砂っぽいか粘土っぽいか（土の特性が推測できる）、をチェックするようにします。

ちょっと深掘り ⑤

農地に見られる主な土の特徴

図Ⅳ -1に示した農地の土は、以下に示すような特徴があります。

岩屑《がんせつ》土《ど》　岩石の風化物を母材としており、山地や丘陵地に分布します。土層は浅く30cm以内から礫となり、その下には岩盤が見られます。樹園地利用が多いですが、一部に野菜畑も見られます。

褐色森林土　山地、台地、丘陵地に分布しており、主に畑地として利用されます。一般に作土は浅く、腐植（有機物）含量は少ないです。粘土が多いものから砂が多いものまであり、粘土が多いものは硬くて水はけが悪く、砂が多いものは水はけは良好ですが乾きやすいのが特徴です。

赤色土　台地、丘陵地に分布し、畑地や樹園地として利用されます。10万年以前に生成した古い土で、粘土質で水持ち・水はけが悪く、長期にわたって雨にさらされて養分が溶脱しています。土の色は赤い鉄が反映されています。

黄色土　赤色土に比べてやや低い位置に分布し、畑地や樹園地のほか水田としても利用されます。生成年代や特徴は赤色土と同様ですが、土の色は黄色をしています。

黒ボク土（火山灰土）　火山山麓、台地、丘陵地に分布し、主に畑地として利用されます。火山灰を母材とするのが、他の土と大きく異なります。一般に土は軽くてやわらかく、水持ち・水はけが良いなど、物理性は良好です。欠点は風で飛びやすい、リン酸が効きにくい、養分が流れやすいことなどです。

多湿黒ボク土、黒ボクグライ土　台地、丘陵地の凹部に分布し、多くは水田利用されます。土の特徴は基本的に黒ボク土と類似していますが、多湿黒ボク土は排水良好で、黒ボクグライ土は排水不良です。

褐色低地土、灰色低地土、グライ土　ともに低地に分布しています。地下水の影響によって区分され、地下水位の低い順に、褐色低地土、灰色低地土、グライ土となります。このことから、主に褐色低地土は畑地利用、灰色低地土とグライ土は水田利用されています。灰色低地土はいわゆる乾田、グライ土は湿田です。粘土質か砂質かによって水持ち・水はけの良し悪しや養分の多少に大きく影響します。

泥炭土、黒泥土　ともに低湿地に分布しており、水生植物遺体から成ります。泥炭土は植物遺体の分解が進んでおらず、植物組織が肉眼で判別できるのに対して、黒泥土は植物組織が肉眼で判別できないほどに分解が進んでいることで区分されます。低湿であるため、水田として利用されます。腐植（有機物）含量は多いですが、養分は少なく強酸性で、排水すると収縮するなどの特徴があります。

砂丘未熟土　砂丘地、砂州などに分布する砂質の土で、主に畑地利用されています。水はけは良好ですが乾きやすく、養分は少ないです。

もっと詳しく知りたい方はp.53「ちょっと深掘り⑩ 既存の土壌図を上手に利用する」を読んでくださいね。

（3）営農状況を確認・共有する

写真Ⅳ -3　生産者に圃場の管理状況を聞く指導員

指導員が圃場の土の状態を見るときは、必ず生産者も立ち会うことが大切です。土の状態を調べながら、これまでの栽培や土づくり・施肥管理の話を確認・共有するようにします。

作土の深さには耕うん方法が関係しますし、土が硬ければ使っている作業機械の馬力数（重量）を知る必要があります。土層が乱れていれば、過去に深耕をした可能性があります。土の色が黒っぽければ、有機物をしっかり入れていることの表われと推定できます。排水の良い圃場なら、土層は酸化的な褐色をしており、粒状や塊状の土塊や割れ目が見られるはずです。

このように土の断面には、今まで生産者がやってきたさまざまな努力の跡が刻まれています。指導員と生産者が話のキャッチボールをしながら、断面に刻まれた努力の跡を解きほぐしていくことによって、その圃場の生産力が浮き彫りになってくるのです（p.91 参照）。

2　穴を掘って土の中を見る

（1）調査に必要な用具

現場で実施できる調査を前提にするので、用具は必要最小限とします。

以下に、それぞれの調査場面で用いる用具を示します。

① 断面の調査：丸型スコップ、移植ゴテ、スケール（折れ尺）、硬度計、刷毛

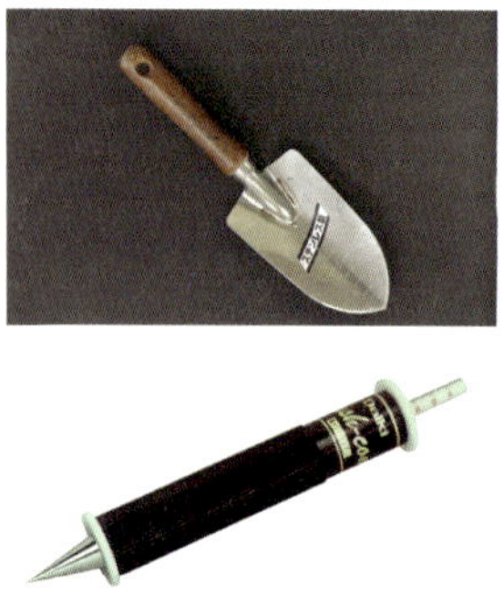

移植ゴテは調査中に誤って手などが切れないように先端部が加工してあるものを使います。

硬度計はプッシュコーンが使いやすいでしょう。従来から使われていた山中式硬度計と同じ測定原理です。

写真Ⅳ -4　移植ゴテと土壌硬度計

② 土の採取：ビニール袋（18 × 25 cm 程度）、マジックインキ、輪ゴム（袋をしばる）
③ 観察記録用：筆記用具、調査ノート
④ 上記のほか、検土杖、土色帖、カメラ、貫入式土壌硬度計、ジピリジル液（水田調査時）などがあると、さらに詳細な調査が可能です。

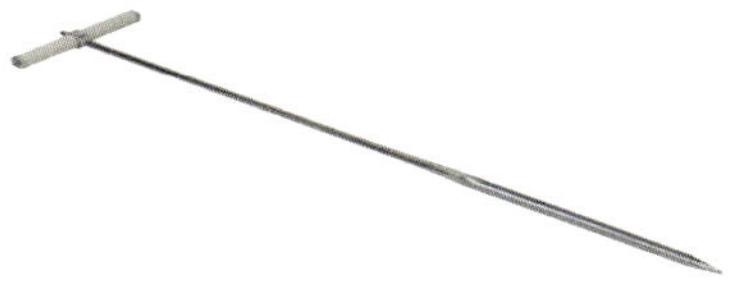

検土杖（ボーリングステッキともいう）は穴を掘らなくても深さ 1 m までの土性、腐植含量、湿りの程度などを調べることができます。
＊使い方は p.54 参照のこと。

土色帖は土の色を調べるときに使います。

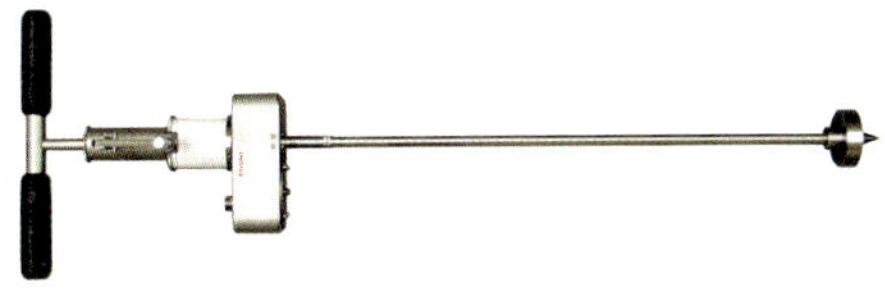

貫入式土壌硬度計は穴を掘らなくても深さ 60 cm までの土の硬さを測ることができます。
＊使い方は p.55 参照のこと。

写真Ⅳ -5　揃えておきたい調査用具

【参考】ジピリジル液について

土層が還元的であるかどうかを判定するときに使います。ジピリジルは土の中の還元鉄（二価鉄）と反応して赤くなることを利用します。ジピリジル液を土の断面に吹きかけたとき、即時に赤色の呈色反応を示したら、還元層（グライ層）であると判定します。

〔ジピリジル液のつくり方〕

「α - α′ ジピリジル」試薬 1 g を 10％（v/v）酢酸溶液 500 mℓ に溶かします。

(2) 土の中を見るための穴の掘り方

調査場所が決まったら、丸型（あるいは剣先）スコップで縦・横 50 cm、深さ 30〜40 cm 程度まで穴を掘り、垂直の土の面（断面）をつくります。土の面に日光が当たる方向に掘るようにします。穴の幅を広くとると、地面の上に座って調査することも可能です（図Ⅳ -2）。

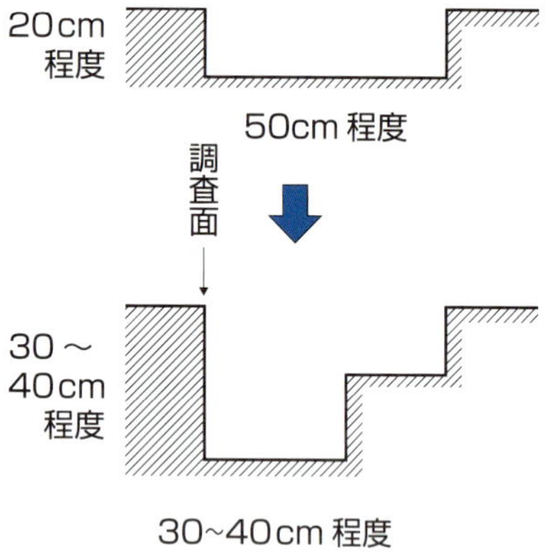

図Ⅳ-2　調査する穴のつくり方

まずは縦・横 50cm、深さ 20cm 程度まで穴を掘り、次に深さ 30～40cm まで掘り下げます。
そのときは調査面側を掘って階段をつくると、調査がしやすくなります。
掘り取った土は作土部と下層土部を分けておき、もとの深さに埋め戻すようにします。

座って調査している
ときのイメージ

3　収量アップにつながる土の見方

（1）作物の根張りの程度を調べる

30～40cm の深さまで土を掘った後、移植ゴテと刷毛で丁寧に断面を整えて、作物の根張りの状態を観察します。ポイントは、どのくらいの深さまで、どのくらいの量の根が入っているかです。

野菜類では根が 40～50cm まで認められれば生育上は問題がないと考えることができます（長根菜類では 80cm 以上、果樹では 60cm 以上）。有機物（腐植）含量が高くやわらかい黒土が深くまで見られる黒ボク土では、作物の太根が深さ 40cm 付近まで、細根は 50cm よりも深くまで伸びています（写真Ⅳ-6）。養液土耕栽培では灌水ドリップの上に根が集中してマットを形成します（写真Ⅳ-7）。

また、トレンチャなどの深耕機械を使った圃場では、断面にくっきりとその跡が見られます。やわらかくなった部位には根が入り込んでいるのがわかります（写真Ⅳ-8）。写真Ⅳ-9 はゴボウの根が深耕されていない下層部で曲がっている様子を写したものです。ゴボウの根は深耕した黒土部に向かって必死に伸びています。

作物の生育を支える根は、**根にとって居心地の良い場所**を求めて伸びていくのです。

①土が硬い、②土が乾きやすい、③水はけが悪い、といった物理的制限のあるところは根にとって不適です。すなわち、作物の根は**「土がやわらかくて、水と空気があるところ」**に伸びていきます。それに加えて**「必要な養分がとれるところ」**が「根にとって居心地の良い場所」であるといえます。

「土づくり」というのは、根にとって居心地のいい場所をつくってやることでもあるんです。

写真Ⅳ -6　ユウガオの根張り状況

写真Ⅳ -7　灌水ドリップ周辺のルートマット状のナスの根（写真提供：日置雅之）
ナスの根は、点滴チューブで灌水と同時に滴下された水に溶かした肥料の周りに集中する。

写真Ⅳ -8（左）　トレンチャ深耕が見られる土の断面（写真提供：渡辺春朗）
トレンチャは深さ 90cm まで入っており、上層部にあった黒土が下に、下層部の赤土が上になっている。

写真Ⅳ -9（右）　土の硬い下層部で曲がったゴボウの根（写真提供：渡辺春朗）

ちょっと深掘り 6

根張りの量を判断するめやす

作物の根張りの量を判断するのはなかなか難しく、個人差が出やすいといえます。そこで、その判断のめやすとなる写真を紹介します。ここでは根張りの量を 5 段階に分けていますが（根張り「なし」を加えれば 6 段階）、現場では 5～4、3、2～1 の 3 段階程度でも良いでしょう。

5：きわめて多い　4：かなり多い　3：多い　2：あり　1：まれ

写真Ⅳ - 10　根張り量の程度の判断めやす（写真提供：日置雅之）

ちょっと深掘り 7

耕し方でこんなに根張りが違う！

下の写真は、黒ボク土（火山灰土）畑で、マルチをはがして 20cm ほど掘って、収穫時のワケネギの根張りの状態を写したものです。

左の圃場の土を手に取ると、多くの小さな粒がコロコロしていて、小団粒が集まった粒状構造になっていました。このような作土はすき間が多く、やわらかくて、空気や水もあるので、太くて元気な白い根がまっすぐ伸びています。

一方、右の圃場では土を採ろうと移植ゴテを刺し込むと、いくつもの土塊となって崩れました。生産者に話を聞くと、土がまだ乾かないうちにロータリをかけたためか、耕した後はいつもよりもゴロゴロした土塊ができていたということです。その結果、通常は下層に見られる塊状構造が作土部にできていたのです。土が硬く、すき間が少ないので、太い根は土の表面近くに横に這っていました。また、作土内に伸びた根は細くてギザギザしていて、いかにも窮屈そうに見えます。

このように、この二つの写真は同じ性質を持った土でも、耕し方によって根の生育環境が変わるということを示しています（土の構造についてはp.49 を参照のこと）。

写真Ⅳ-11　ワケネギの根張り（左：作土が粒状構造の圃場、右：作土が塊状構造の圃場）

ここで紹介した例のように、水分が多い状態で耕うんすると、土が練り返されて硬く締まって水はけが悪くなります。また、機械に土が付着して作業能率が下がります。そのようなことから、「土が乾いているときに耕うんするのが良い」と一般的にいわれています。

しかし、「少し湿り気を感じる状態」で砕土が良かったという例も多くあります。少し専門的になりますが、耕うんに適する土の水分状態は半固体状～塑性状（力を加えると少し変形して割れる～割れないで変形する）の狭い範囲にあるといえます（図Ⅳ-3）。

実際には土の種類や生産者の管理の仕方によって耕うんに適した土の水分状態は微妙に違うようです。『現代農業』2007 年 4 月号に掲載された生産者の声をいくつか拾ってみると、「土を 3、4cm 蹴ってみて、靴に土がついてくる状態では耕さない、土がサラサラに乾くまで待つ（火山灰で粘土の多い土）」「クワを入れて 30cm の刃の先に土がついてこなければ乾いたと判断する（下層の赤土が出ている火山灰土）」「表面が乾いていても 10cm くらい掘ってみて、指で軽く触って崩れないときは畑に入らない（火山灰土)」「雨上がりや灌水後は1～2日おいてからロータリをかける（少し粘土が混ざった砂土)」などとなっています。結局は生産者の経験が一番のようです。

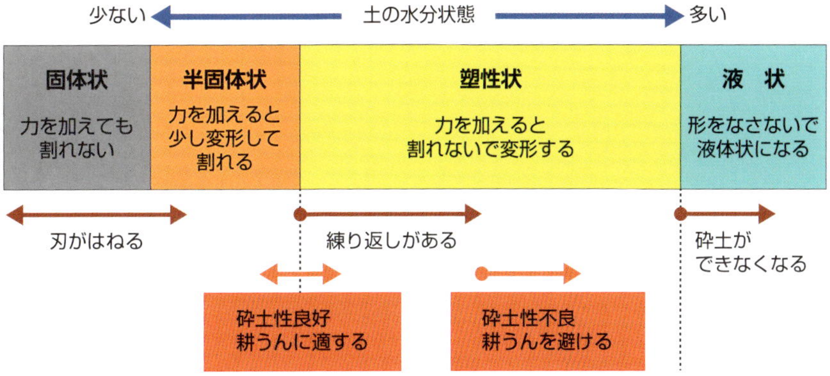

図Ⅳ-3　耕うんと土の水分状態との関係

注）中野原図を利用して作成した。

（2）作土の深さを調べる

断面に軽く手を押しつけて、耕うんしてある深さを判定します（土がやわらかいので、すぐわかります)。移植ゴテを地表面からまっすぐに刺し込んで、止まった深さまでの土を削り取ることでも、作土の深さを判断することができます（写真Ⅳ-12)。

写真Ⅳ-12　作土の深さは 18cm

最近は作土が浅くなっていることが指摘されています（図Ⅳ-4)。しかし、耕うん機械（トラクタ）の馬力数はむしろ高くなっており（図Ⅳ-5)、一見矛盾しているように思われます。この理由として、①経営規模の拡大にともない機械が大型化するものの、面積をこなすために作業能率が優先される、②大区画圃場や直播栽培では、田面の均平化が要求されるため、かえって耕うんが軽く行なわれる、ことがあげられます。

通常は、作土が深いほど作物に供給される養水分の領域が広くなるので、作物の生育が良くなります。北海道のデータでは作土が深いほど畑作物の収量は明らかに高まっています（図Ⅳ-6)。ただし、深さ 35cm になるとエンバクやバレイショで収量が低下したのは、①土の養分含量が減少した（養分の少ない下層土が混ざった)、② 35cm の深耕で下層からの水供給が減少した、ためと考えられます。

作土を深くすることによる利点と欠点を表Ⅳ-1 に示します。国が推奨する作土の深さは水田では 15cm 以上、畑地では 25cm 以上が目標になっています（地力増進基本指針、1997)。作土の深さを 15cm に設定しても、トラクタの走行速度が速めになると（作業時間の短縮）耕深が浅くなるので、遅くして耕すようにします。だたし、一度に深くすると、表Ⅳ-1 のような欠点が生じる場合があるので、注意しましょう。

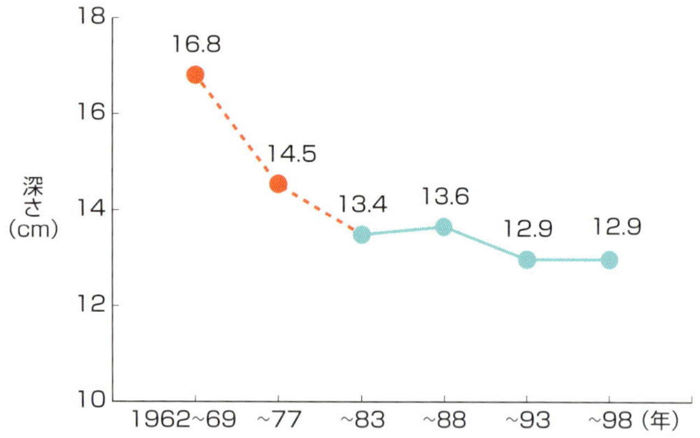

図Ⅳ-4　水田における作土の深さの推移（千葉県、1999）

注）地力保全基本調査、地力実態調査、土壌環境基礎調査のデータより作成。1993～98年は198地点の平均値。

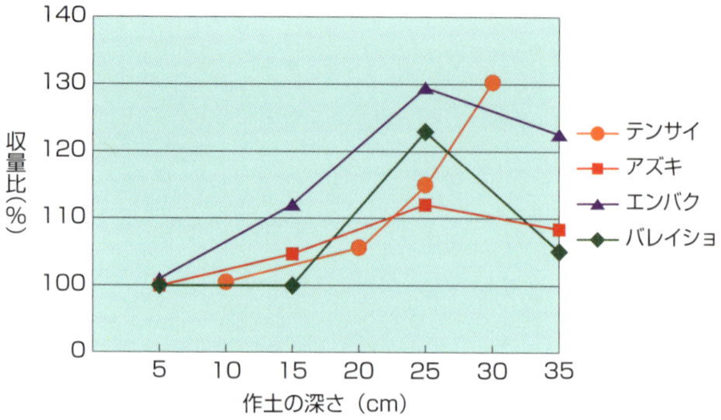

図Ⅳ-6　作土の深さと畑作物の収量

（北海道農協「土づくり」運動推進本部、やさしい土づくり No.7＜1993＞）

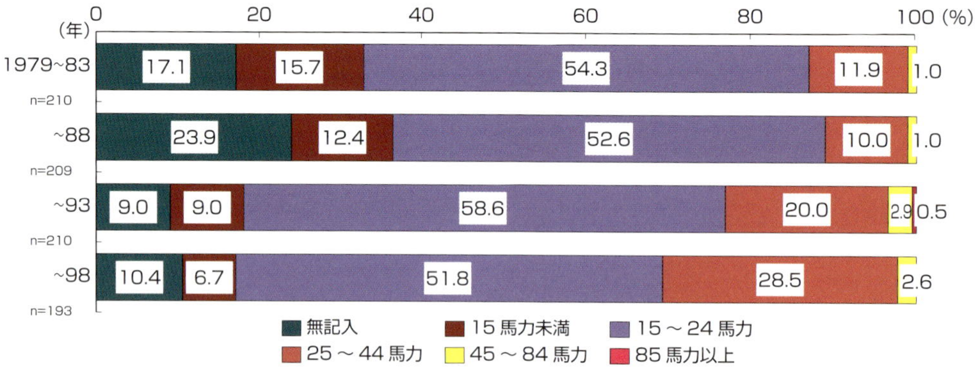

図Ⅳ-5　トラクタの馬力数の推移（水田）（千葉県、1999）

注）土壌環境基礎調査のデータより作成。

表Ⅳ-1　作土を深くすることの利点と欠点

利　　点	欠　　点
作物の養水分吸収領域が広くなる	圃場の均平度が悪くなる
根張りが良くなり、作物が倒伏しにくくなる	作業能率が落ちる
空気率が高まり、排水性が増す	稲わらなどの未分解有機物が下層に入り、分解時に作物生育を抑制する

（3）土の硬さを調べる

写真Ⅳ-13　土の硬さを測る

　プッシュコーン（硬度計）で深さ10、20、30cm……というように、10cmごとに測ります。測るときは断面に対して垂直に刺し込んで、目盛りを読んでいきます（写真Ⅳ-13）。明らかに硬いと判断できる部位は深さに関係なく測るようにします。測定部位は最低でも3回、できれば5回程度の反復が望ましいです。また、貫入式土壌硬度計があれば、穴を掘らなくても土の硬さを測定することができます（p.55 参照）。

作物（ナシ）の根張りと土の硬さとの関係は図Ⅳ -7 のとおりで、土の硬さが 21mm でナシの根張りが悪くなり、25mm ではほとんど入らなくなります。また、穴を掘らなくても土の硬さを測ることができる貫入式土壌硬度計とプッシュコーンとの関係は図Ⅳ -8 のとおりで、貫入式土壌硬度計で 1.5MPa のときのプッシュコーンの値はおおむね 21～23mm と推定できます。また、土の硬さがプッシュコーンの値で 19mm を超えると、下層への養分の動きが悪くなるというデータもあります（図Ⅳ -9）。

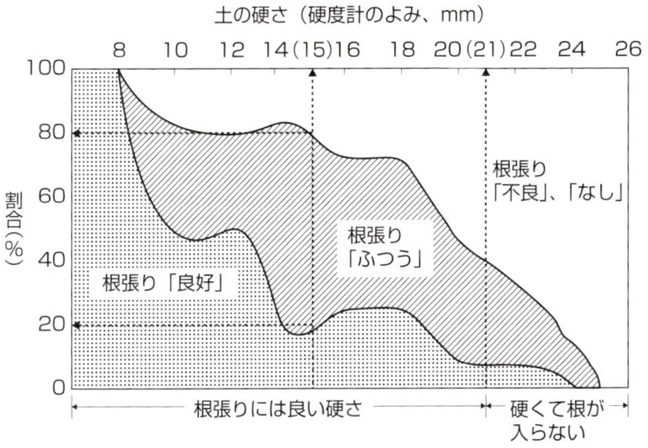

図Ⅳ -7　土の硬さとナシの根張り

注）土の硬さ 21mm でナシの根張りは悪くなり、25mm では入らなくなる。

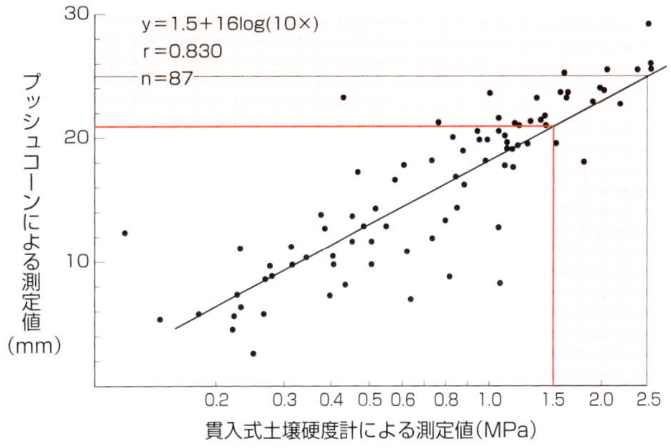

図Ⅳ -8　貫入式土壌硬度計とプッシュコーンによる測定値との関係（渡辺、1992 を一部改変）

注）根張りが悪くなる硬さはプッシュコーン（硬度計）21～23mm ≒貫入式土壌硬度計 1.5MPa

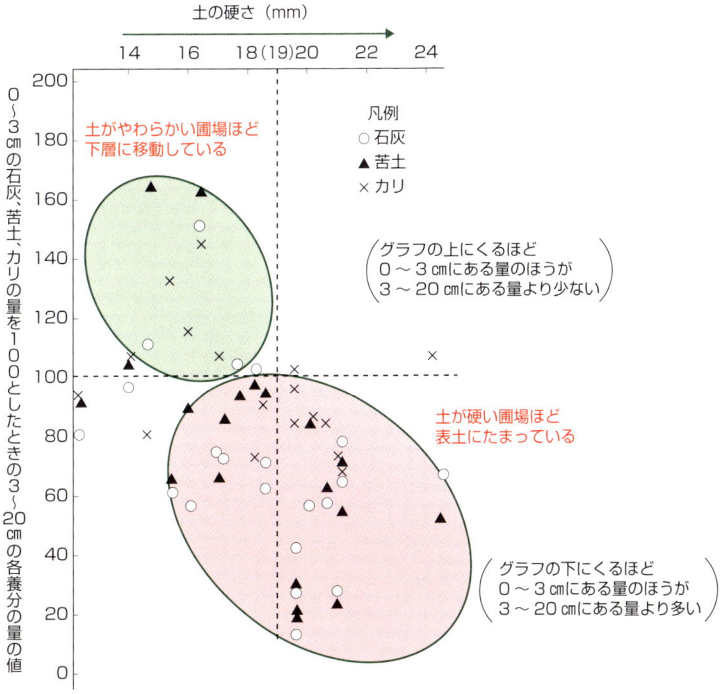

図Ⅳ -9　土の硬さと養分の動き

注）土の硬さが 19mm 以上では養分の動きが悪くなる。

図Ⅳ-10には耕うん機械によってできる耕盤層のかたちを示しました。樹園地では表層部に耕盤層が見られます。普通畑ではプラウ耕に比べてロータリ耕で明瞭な耕盤層ができています。また、同じロータリ耕でもブルドーザのように自重の大きい機械のほうがより硬い耕盤層ができているのがわかります。このように、耕盤層などの硬い層が見られる場合は、やみくもに深耕するのではなく、地目や作物などの状況に適した機械を選択する必要があります（表Ⅳ-2）。

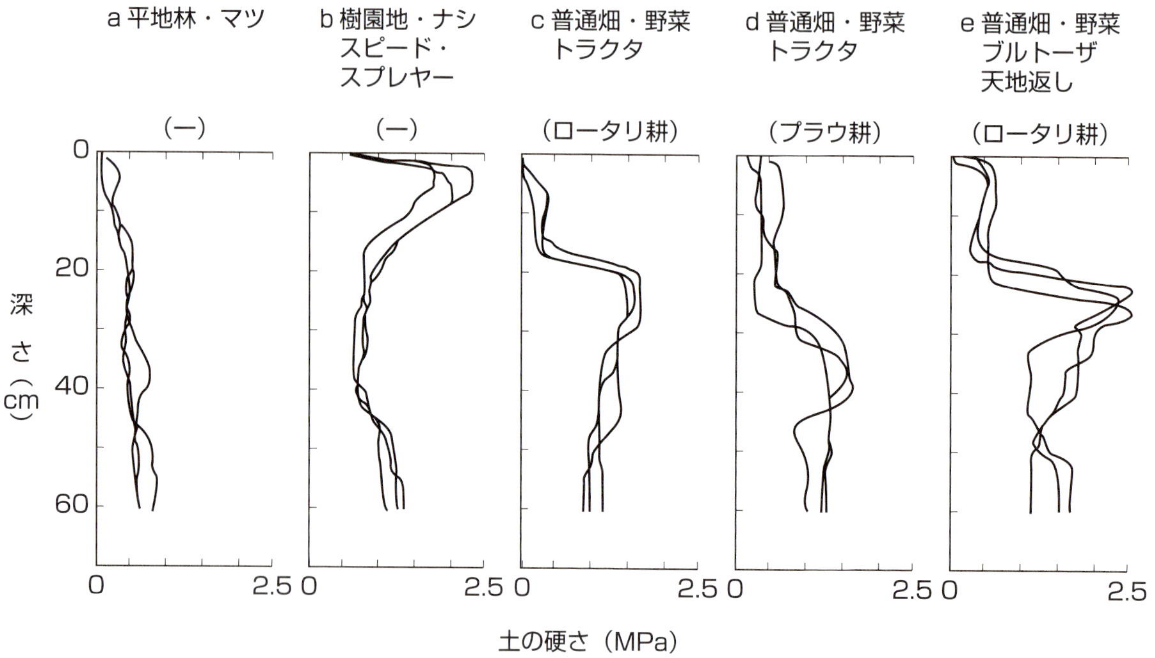

図Ⅳ-10　土地利用・農業機械と耕盤層のかたち（黒ボク土）（渡辺、1992を一部改変）

表Ⅳ-2　土層改良に用いる機械と改良後の土の状態（渡辺、1992）

作業機（耕起法）	耕盤の破壊および破層	土と土層の状態			作土の状態		評価	
		混層	水持ち（保水性）	水はけ（透水性）	物理性	化学性	畑作物	備考[注)]
パンブレーカ（心土破砕）	○	極小	○	○	○ 良好	○	適	−
プラウ（反転耕）	○ 反転破壊	小〜中	○	○	○ 良好	○〜△ リン酸供給力の低下	適	−
深耕ロータリ（かく拌耕）	○ 完全粉砕 全面深耕	大	△ 低下	△ 過良	△ 粗粒化 中土塊	△ リン酸、窒素供給力の低下	不適	ナガイモ栽培 施設栽培
トレンチャ（かく拌耕）	○ 部分粉砕 部分深耕	大〜中	△ 低下	△ 過良	△〜× 粗粒化 大土塊	△〜× リン酸、窒素供給力の低下	不適	ゴボウ栽培 ナガイモ栽培 施設栽培

注）播床としての物理性の評価。ゴボウ、ナガイモ栽培:深さの確保。施設栽培:主に希釈効果による塩類濃度障害の緩和。

（4）土性を判定する

土性は保肥力、保水力、透水性、通気性、耕うんのしやすさといった土の特性に関係します（表Ⅳ-3）。図Ⅳ-11 に示した要領で、砂土《さど》、砂壌土《さじょうど》、壌土《じょうど》、埴壌土《しょくじょうど》、埴土《しょくど》の５種類の土性を判定します（この判定法は日本農学会が提唱したもので、現場での土性判定はこれで十分です。他には 12 通りの土性に分ける国際法があります）。

表Ⅳ-3　土性からわかる土の特性

土性	土の重さ（仮比重）	保肥力	緩衝能	保水力	透水性	通気性	耕うんのしやすさ
砂土	重い	小さい	小さい	小さい	かなり大きい	小さい	少ししにくい
壌土	中くらい	中くらい	中くらい	中くらい	中くらい	中くらい	しやすい
埴土	重い	大きい	大きい	大きい	小さい	小さい	かなりしにくい

■土性の判定の仕方

土を移植ゴテで採り、親指と人指し指・中指との間に土を挟んで、砂と粘土の割合を調べます（写真Ⅳ-14 左）。砂を強く感じられれば、砂土（Sand：S）か砂壌土（Sandy Loam：SL）、粘土を強く感じられれば、埴壌土（Clay Loam：CL）か埴土（Clay：C）と判定できます。砂と粘土の両方を感じる場合は壌土（Loam：L）とします。また、手のひらの上で土を転がして、どのくらいまで細い棒状になるかを見ます（写真Ⅳ-14 右）。判定は図Ⅳ-11 の「簡易的な判定法」にしたがってください。

粘土と砂との割合の感じ方	ザラザラとほとんど砂だけの感じ	大部分（70～80%）が砂の感じで，わずかに粘土を感じる	砂と粘土が半々の感じ	大部分は粘土で，一部（20～30%）砂を感じる	ほとんど砂を感じないで，ヌルヌルした粘土の感じが強い
分析による粘土	12.5%以下	12.5 ～ 25.0%	25.0 ～ 37.5%	37.5 ～ 50.0%	50%以上
記　号	S	SL	L	CL	C
区　分	砂土	砂壌土	壌土	埴壌土	埴土
簡易的な判定法	棒にも箸にもならない	棒にはできない	鉛筆くらいの太さにできる	マッチ棒くらいの太さにできる	こよりのように細長くなる

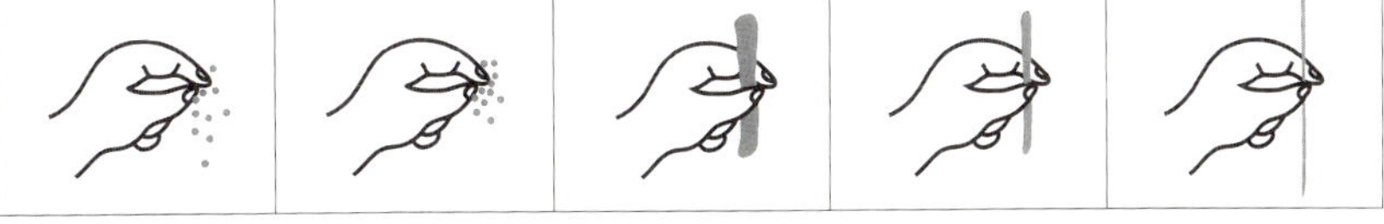

図Ⅳ-11　土性の判定の仕方（日本農学会法）
（前田・松尾、1974 を一部改変）
注）判定に当たっては、土を少量の水でこねて土性を判定する。

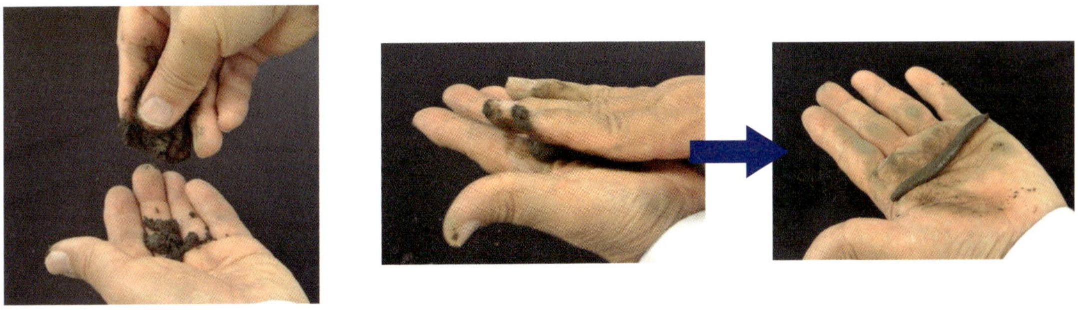

写真Ⅳ-14　現場での土性の判定の仕方

(5) 土の乾湿を調べる

土塊を手に取り、表Ⅳ -4 にしたがい、土の乾湿の程度（湿り具合）を調べて、水はけ（透水性、通気性）·水持ち（保水性）の良し悪しを判定します。また、土の色からも判定が可能です（褐色系：乾いている、灰色系：湿っている）。

断面や土塊の中に褐色の鉄（斑鉄）や黒色のマンガン（結核）の斑紋が観察されることがあります。これは水（地下水、灌がい水）の影響で還元的環境にあった土が乾いたときに、根の跡や土の亀裂面にある鉄が酸化してできたもので、水田で多く見られます。したがって、斑紋があれば水がその位置まで下がる（排水される）ことを意味します。

斑紋には糸根状のほか、水の動きによって、不定形、膜状、管状、糸状、雲状、点状などがあります（表Ⅳ -5）。写真Ⅳ - 15 は、下層部の土塊を取り出して軽く力を入れて割ったときに、

表Ⅳ -4　土の乾湿の程度の判定法

区分	基準（土塊を握りしめる）	望ましい対策
乾	湿りを感じない	有機物の施用、マルチ、粘土客土 灌がい施設
半乾	湿りを感じる	有機物の施用、マルチ
湿	手のひらが濡れる	有機物の施用
潤	指の間から水滴が落ちる	高うね、排水溝（明渠）、暗渠の設置

表Ⅳ -5　主な斑紋の種類とその特徴

水田のタイプ	形　状	見られるところ	特　徴
地下水型 灌がい水型	糸根状	主に作土	イネの根に沿ってできる
地下水型	不定形	作土 すき床層	土の構造面や孔隙のところから周りに広がっている
地下水型	膜　状	すき床層 下層部	割れ目や土の構造面に薄い膜ができる
地下水型	管　状	下層部	ヨシやガマなどの根の跡にできるパイプ状のもの
灌がい水型	糸　状	作土下部	細かい孔隙に沿って網状に広がる
灌がい水型	雲　状	下層部	輪郭が不明瞭なオレンジ色の斑紋。孔隙や土の構造面に近づくにつれて灰色に変わる
灌がい水型	点　状	下層部	土の中に斑点状に析出した黒色のマンガン結核

注）孔隙：土の内部のすき間のこと。いわゆる穴。

土の表面に見られる膜状斑鉄です。この形状の斑鉄があれば、水は下方に動いていることを示しており、透水性が良いと判断できます。

さらに水田では、グライ層（土層が飽水条件下では土が還元状態になり、2 価鉄が生成して土の色が灰色～ねず灰～青灰になる）の出現する深さを確認します（写真Ⅳ - 16）。グライ層が深さ 50 cm 以内に出てくる水田は湿田、50 cm 以内に見られない場合は乾田と判定できます。

深さ 25～40 cm に膜状斑鉄が見られる灰色低地土水田

膜状斑鉄：土塊の割れ目に沿ってできる
（水が動いている証しとなる）

写真Ⅳ - 15　土塊の割れ目に見られる膜状斑鉄

粘質な土のため、すき床層が締まり透水性が悪く、グライ層となっている。グライ層の割れ目やその下層には膜状斑鉄が見られ、水が下方に動いているのがわかる。

写真Ⅳ - 16　グライ層を持つ水田の断面

ちょっと深掘り 8

「仮比重」は土づくり肥料などの施用量の計算に必要

p.45 の表Ⅳ -3 に示した「仮比重」（測り方は p.52～53 参照）は、土の単位容積に含まれる固相（土＋有機物）の重量を表わしています。土の粒子の大きい砂土や硬く締まりやすい埴土は仮比重が大きく、膨軟な有機質土や黒ボク土は小さいのです（表Ⅳ -6）。

「仮比重」の値は土の分析値（mg/100 g 乾土）から不足する養分を圃場に施用する量（kg/10a）を計算するときに必要になります。すなわち、面積当たりの土の重さ（kg/10a）がわかれば、土づくり肥料などの施用量が計算できます。

圃場の土の重さは下記の式から求めることができます。

土の重さ＝面積×作土の深さ×仮比重

たとえば、面積が10aで、作土の深さが10cm、仮比重が1.0の圃場（表Ⅳ-6から土性が壌土の圃場が該当する）の土の重さは、

1,000（m^2）×0.1（m）×1.0＝100（m^3）＝100（t）

となります。

一方、仮比重が0.7の黒ボク土では、

1,000（m^2）×0.1（m）×0.7＝70（m^3）＝70（t）　となり、同じように作土の深さ10cmを改良する場合でも、10a当たりの土の重さは異なります。

表Ⅳ-6　土の仮比重のめやす

土の種類		仮比重
有機質土[1]		0.2～0.3
黒ボク土[2]		0.6～0.8
上記以外	砂土	1.2～1.4
	壌土	1.0
	埴土	1.2

注1）有機質土：黒泥土や泥炭土のように沼沢植物の遺体がもとになってできている土。
　2）黒ボク土：火山灰がもとになってできている土。

今、作土の石灰含量が300mg/100gという診断結果が出たとき、300mg/100gは次のように計算できます。

300（mg/100g）＝300（g/100kg）＝300（kg/100t）

9行上の計算式から、100（t）は面積が10aで、作土の深さが10cm、仮比重が1.0のときの圃場の土の重さに相当するので　300（kg/100t）＝300（kg/10a）　と置き換えることができます。すなわち、この圃場の作土の深さ10cmには、石灰分が300kg/10aあると計算されます。

これは、圃場の面積が10a、作土の深さが10cm、仮比重が1.0のときは、

土の養分の測定値（mg/100g乾土）＝圃場に存在する養分量（kg/10a）　であることを意味します。

作土の深さが10cm、仮比重が0.7の黒ボク土の場合であれば、10a当たりの土の重さは70tなので、作土の石灰含量が300mg/100gのときの圃場に存在する石灰分は、

300（mg/100g）×70（t/10a）＝210（kg/10a）　となります。

（付記）面積が10aで、作土の深さが15cm、仮比重が1.2のときの圃場の土の重さは、

1,000（m^2）×0.15（m）×1.2＝180（m^3）＝180（t）　となります。

（6）土の団粒化、亀裂の発達状況を調べる

ニンジン畑の断面にはコロコロした土の粒がたくさん見られます（写真Ⅳ-17）。これが土粒子同士が結びついてできた団粒です。団粒が増えると、土の中には大小さまざまなすき間ができ、大きなすき間には空気が、小さなすき間には水がより多く保持できるようになるので、水はけ（透水性、通気性）や水持ち（保水性）が高まります（図Ⅳ-12）。

写真Ⅳ-17　団粒化が見られる断面

（写真提供：倉持正実）

団粒化の程度は、手のひらに土塊を乗せて、軽く力を入れて崩したときの形状（図Ⅳ-13）から判定します。

構造なし：バラバラ（単粒状）、のっぺり（連結状）
構造あり：コロコロ（粒状）、塊まり（塊状、柱状）

写真Ⅳ-18の左はコロコロの小粒状構造、右は大粒状構造です。また、写真Ⅳ-19の3層目（24～35cm）に見られるのっぺりした面は単に土がつながっているだけで、構造ができているわけではありません。

亀裂（写真Ⅳ-19）や大きな穴（写真Ⅳ-20）は土層内の通気性（酸素の供給）や透水性に関係し、根が入っていく通り道になるので、しっかりチェックします。

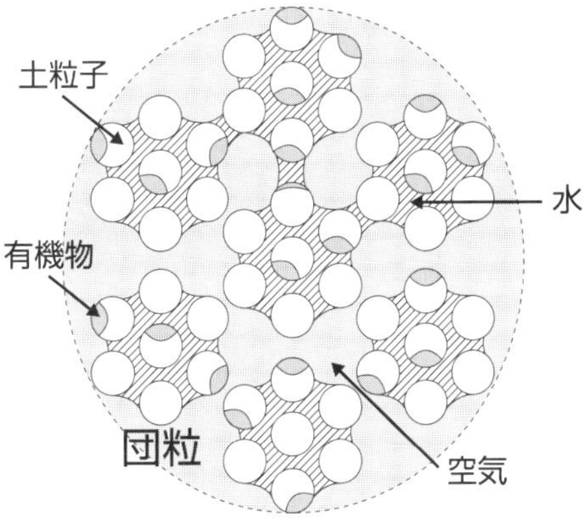

図Ⅳ-12　団粒構造の概念図

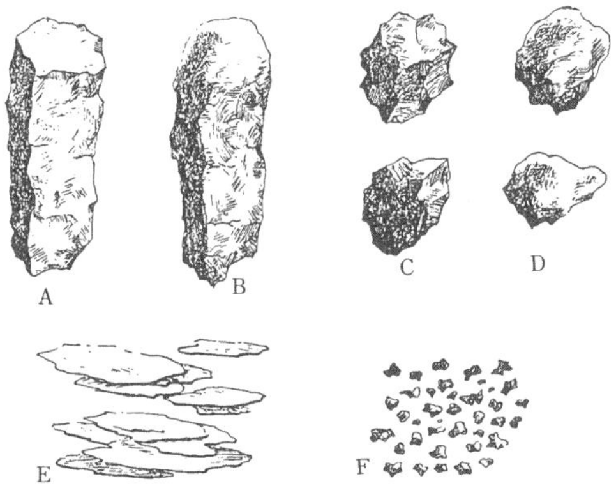

A 円柱状　B 角柱状　C 角塊状
D 亜角塊状　E 板状　F 粒状

図Ⅳ-13　土の構造（土壌調査ハンドブック、1997）

写真Ⅳ-18　粒状構造（左：小粒状、右：大粒状）

（写真提供：倉持正実）

2層目が硬いので、トマトの根はほとんど作土に集中しているが、亀裂（矢印）を通って深くまで入っている。

写真Ⅳ-19　亀裂が見られる土の断面

（写真提供：赤松富仁）

写真Ⅳ-20　土塊を割って穴を確かめる

（写真提供：倉持正実）

（7）腐植含量と腐植層の厚さを調べる

腐植は土に黒い色を与えるので、土色から判定します。そのめやすは以下のとおりです。

黒色：腐植に富む（5%以上）、褐色：腐植を含む（2～5%）、
褐白色：腐植なし（2%以下）

過去の土壌調査によって、土の種類別の腐植含量が明らかになっています（表Ⅳ -7）。この表から、腐植含量が 5%を超える土は黒ボク土および黒泥土・泥炭土に限られており、その他の土は 2～3%程度であることがわかります。よって、作土の腐植含量がこれらの値を下回る場合は、植物質主体の堆肥を積極的に施用するようにします。

表Ⅳ -7　主な土の種類と腐植含量（地力保全基本調査より）

土の種類	主な土地利用形態	腐植含量（%）		
		中央値	ヒンジ散布度注）	点数
黒ボク土	畑地	7.9	5.9～11.4	232
多湿黒ボク土	水田	8.4	6.2～10.7	215
褐色森林土	畑地	3.4	2,6～4.7	151
赤色土	畑地、樹園地	2.8	1.9～3.4	37
黄色土	畑地、樹園地	2.4	1.7～3.4	124
褐色低地土	畑地	2.2	1.6～3.1	116
灰色低地土	水田	3.8	2.9～4.7	574
グライ土	水田	3.8	2.9～5.0	509
黒泥土	水田	6.0	4.1～8.4	62
泥炭土	水田、畑地	9.3	6.0～12.9	34

注）データ全体の中央値よりも小さなデータの中央値を下ヒンジ、中央値よりも大きなデータの中央値を上ヒンジといい、上ヒンジと下ヒンジの値をヒンジ散布度という。

また、腐植層が厚いほど（深いほど）、土はやわらかく、作物の根張りが良くなるので、生育が良好となり、収量がアップします（図Ⅳ -14）。

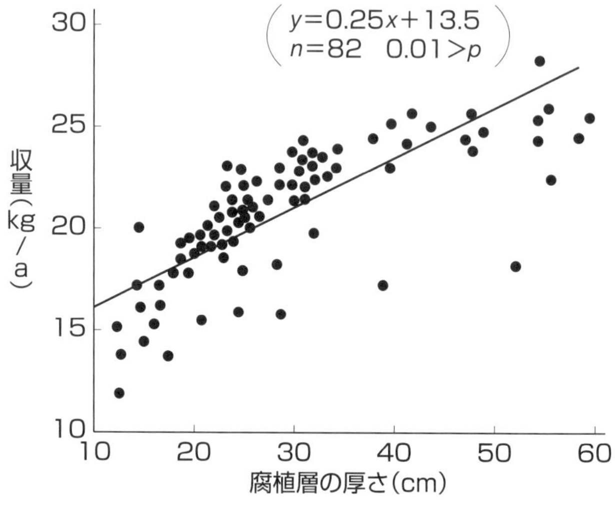

図Ⅳ -14　腐植層の厚さとコムギの収量（三好、1964）

（8）断面調査項目における基準値のめやす

記述した断面調査項目における基準値のめやす（表Ⅳ -8）と土の特性の判定のめやす（表Ⅳ -9）は以下のとおりです。土壌・土層改良を行なう際の参考にしてください。

表Ⅳ -8　断面調査項目における基準値のめやす

項　目		基準値	備　考
根張りの程度（cm）	根張り良好	４０以上	果菜類 ６０以上 長根菜類 ８０以上
	根張り不良	３０以下	－
作土の深さ（cm）＊畑の場合	深い	２５以上	水田の場合は １５以上を目標とする
	中くらい	１５～２５	
	浅い	１５以下	
硬さ（mm）	根張り良好	１５以下	プッシュコーンや 山中式土壌硬度計の値
	養分移動抑制	１９以上	
	根張り不良	２１以上	
耕盤の硬さ（MPa）	根張り不良	1.5 以上	貫入式土壌硬度計の値
グライ層（地下水位）（cm）	水稲、野菜	５０以下	根菜類 ６０以下 果樹類 ７０～１００以下
腐植含量（%）	黒色	５以上	黒ボク土、黒泥土、泥炭土
	褐色	２～５	上記および下記以外の土
	褐白色	２以下	未熟土、土性が砂質の土

表Ⅳ - 9　断面調査項目における土の特性の判定のめやす

項　目		土の特性	備　考
土の乾湿	乾～半乾	（透水性） 大	灌がい施設の 要否検討
	湿～潤	（透水性） 小	不透水層の確認
鉄の斑紋（主に水田利用）	斑紋あり	（透水性） 大	乾田
	斑紋なし	（透水性） 小	湿田
土の団粒化	構造あり	（保水性、透水性、 保肥力） 大～中	－
	構造なし	備考参照	埴土：透水性小 砂土：保水性小 保肥力小
亀裂の発達	亀裂あり 大穴あり	（透水性、通気性） 大	作土層以深における 発達状況

ちょっと深掘り 9

特別な道具なしで、土・水・空気の割合を知る

土の中の土･水･空気の割合（三相分布）は、土の硬さ、水はけ、水持ちの程度と深い関係があるので、それを知るに越したことはありません。三相分布の測定は本来、専門的な道具が必要ですが、ここでは簡易な測り方を紹介します。

① 直径5cmの丈夫な缶（コーヒー缶など）の上部から5 cmのところで切り取ります。缶の重さを測っておきます。

② 三相分布を知りたい土層に、つくった缶の上端に土が盛り上がるまで、そっと押し込んでいきます。

③ 土層から缶を取り出し、へらで缶の上端と下端を平らにします。

④ 重さを測ったアルミ箔に、土の入った缶を包んで、秤でその重さを測ります。

⑤ アルミ箔の上に、缶の中の土を取り出して広げます。

⑥ 土が入っているアルミ箔をフライパンの上に乗せ、弱火で熱します。土が白っぽくなったら火を止め、重さを測ります。

以上で、三相分布の測定は終わりです。

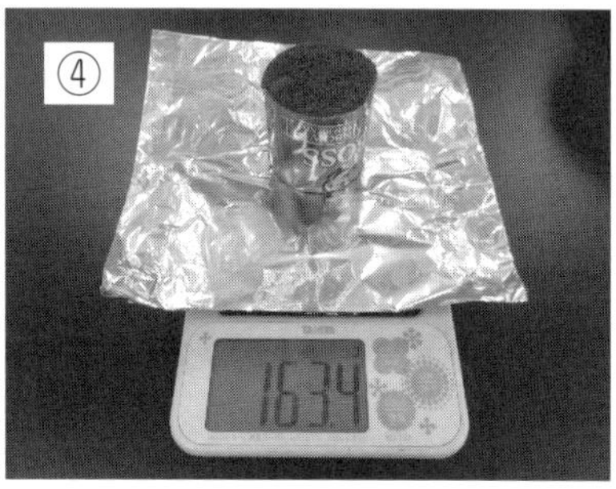

写真の説明は本文①～⑥を参照のこと。

写真Ⅳ-21　三相分布の簡易な測り方

次に計算の仕方を示します。

缶の容積が100cm^3、重さが15g、アルミ箔の重さが1g、④で測った重さが163g、⑥で測った重さが110gであるとします。

このときの水分量は　(163g − 15g − 1g) − (110g − 1g) = 38g　となります。

すなわち、缶の容積100cm^{3}中に38gの水があるということになるので、

水分率は　(38/100) × 100 = 38%　と計算できます。

土の割合（固相率）は　(乾いた土の重さ/2.7/缶の容積) × 100　という式で計算します。ここで2.7は土粒子の比重を表わす数値です。

すなわち、固相率は　{(110g − 1g) /2.7/100 } × 100 = 40%　となります。

100cm^3 中に占める水分率と固相率がわかったので、残った空気率は 100cm^3 から水分率と固相率を引けば求まります。

すなわち、空気率は　(100 − 38 − 40) = 22%　ということになります。

さらに、仮比重（p.45 参照）の計算ができます。仮比重は　(乾いた土の重さ / 缶の容積) で求められるので　(110g − 1g) /100 = 1.09 ≒ 1.1　となります。

前述のように、三相分布は土の硬さ、水はけ、水持ちの程度に関係しています。表Ⅳ -10 に、畑地における作物生育に適する三相分布を示しました。

この表から、水はけ（→ 空気率）、水持ち（→ 水分率）ともに 20%以上あることが望ましいといえます。

表Ⅳ - 10　作物生育に適した三相分布（畑地）

土の種類	三相分布（%）		
	固相率	水分率	空気率
黒ボク土	３０以下	２０以上	２０以上
非黒ボク土	５０以下	２０以上	２０以上

表Ⅳ -9 (p.51) には「土の乾湿」や「土の団粒化」の程度から、水はけ（透水性、通気性）や水持ち（保水性）の大きさを記載してありますが、三相分布を測ることによって、より具体的な土の状態を知ることができます。これらの数値に達していない圃場では、耕うんを含む土層改良、物理性改良を目的とした資材の施用（Ⅴ章参照）などによって、作物の生育に適した土の環境をつくっていく必要があります。

なお、仮比重が 1.2 を超える土は土粒子が密に詰まっている状態にあるといえるので、根が入りにくい硬さになっていると判断されます。そのような圃場では、とくにⅤ章に示した土の物理性改良をしっかりやるようにします。

ちょっと深掘り 10

既存の土壌図を上手に利用する

都道府県で実施した地力保全基本調査（1959～78、水田および畑地土壌生産性分級図）や国土調査（1971～現在、土地分類基本調査・土壌図）などから土の種類とその特性や土壌改良対策を知ることができます。地元の農業試験場などに在庫がないか、問い合わせてみましょう。手に入れるのが難しい場合は国立研究開発法人農業環境技術研究所がまとめた土壌情報閲覧システム http://agrimesh.dc.affrc.go.jp/soil_db/ を利用します（写真Ⅳ -22）。

また、農地の土の種類がわかるスマートフォン用無料アプリ "e- 土壌図 " が開発・公開されています。

http://agrimesh.dc.affrc.go.jp/e-dojo/

画面上で知りたい場所の農耕地土壌図を表示できるとともに、土の種類や特性に関する情報を入手できます。また、自分が集めたメモや画像を土壌図に保存することもできます。営農指導や土を調べるときの支援ツールとして上手に利用しましょう。

写真Ⅳ -22　土壌情報閲覧システムのトップ画面

写真Ⅳ -23　e- 土壌図を利用する

モバイルアプリでいつでもどこでも即座に土壌図を閲覧できる。

4　穴掘りなしで土の状態を知る

（1）検土杖（ボーリングステッキ）の使い方

検土杖は鋼鉄製の細長い棒で、先端部に長さ 30 cm、口径 1 cm の採土部（写真Ⅳ -24）があります。最初に 30 cm の深さまで刺し込み（写真Ⅳ -25）、数回転させて 0～30 cm の土層を採土します。この土層を調査した後、へらで削り取り、先に検土杖を刺し込んでできた穴に再度検土杖を 60 cm の深さまで刺し込んで、同様に 30～60 cm の土層を採土して調査します。さらに 60～90 cm の土層を調べます（図Ⅳ -15）。人力で刺し込めなくなったら、ハンマーで打ち込みます。穴を掘らなくても、土の中の土性、土色、腐植含量、湿りの程度、グライ層・斑鉄の有無、作土の深さなどを知ることができます。

写真Ⅳ -24　検土杖の先端部

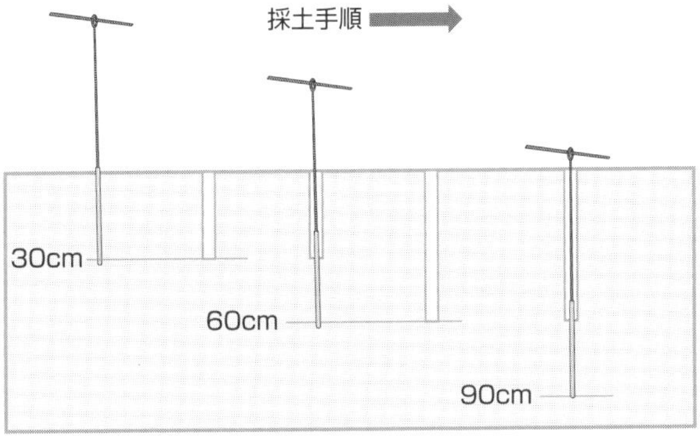

図Ⅳ - 15　検土杖の深さ 90cm までの採土手順

写真Ⅳ -25　検土杖による調査

(2) 貫入式土壌硬度計の使い方

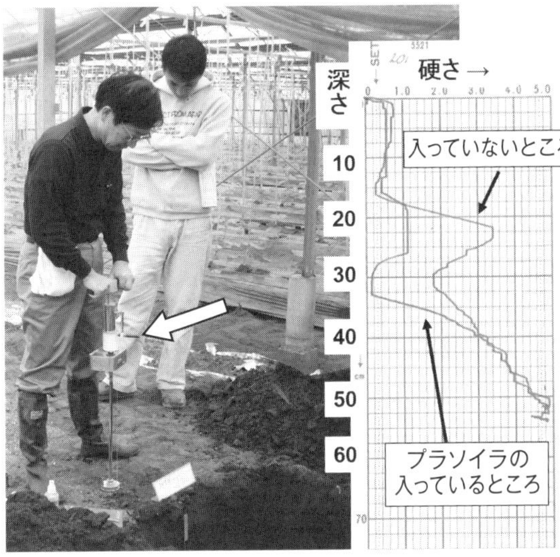

写真Ⅳ -26　土の硬さを測る

プッシュコーン（硬度計）は、土の断面に垂直に刺して土の硬さを測りますが（p.42）、貫入式土壌硬度計を使えば写真Ⅳ -26 のように地表面から直接突き刺して、深さ別の土の硬さを測ることができます。白の矢印で示したドラム部に記録紙を巻きつけると、刺し込むほどに、このドラム部が回転して深さ別の土の硬さを記録していきます*。

写真右のチャートには、プラソイラの深耕の有無による硬さを示しています。プラソイラが入っていないところは 20cm 付近から明らかに硬くなっており、耕盤ができています。一方、プラソイラの入っているところはやわらかく、根も伸びていました。

＊なお、デジタル式貫入硬度計の発売にともない、記録紙（チャート）式は販売中止となりました。

(3) 土壌物理性診断セットの活用

土壌物理性診断セットは、簡易型貫入式土壌硬度計とハンドオーガー（簡易型土質調査器）がセットになったより手軽で安価な生産現場向きの器材です（写真Ⅳ -27）。各々の機器の使い方は写真Ⅳ -28、29 に示したとおりですが、ハンドオーガーは検土杖に比べて多く採土できることから、pH や EC（電気伝導度）などの分析も可能です。

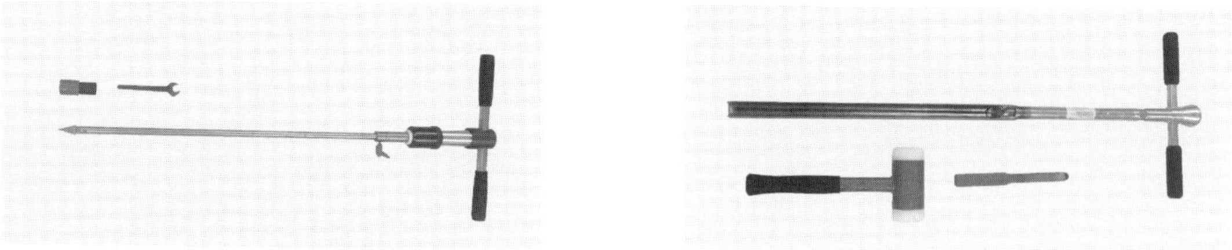

写真Ⅳ -27　土壌物理性診断セット（左：簡易型貫入式土壌硬度計、右：ハンドオーガー）

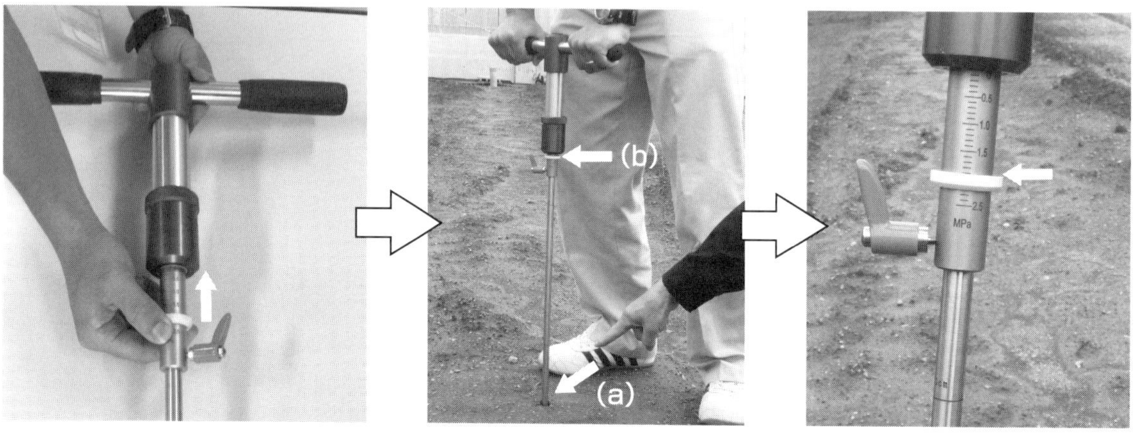

①白い目盛リングを本体上部へ移動させます。

②もっとも硬いときの深さ（a）を硬度目盛リングの値（b）から確認します。

③硬度目盛リング上部の値が最高硬度です。値はばらつくので、測定は1圃場当たり5回行ないましょう。

写真Ⅳ -28　簡易型貫入式土壌硬度計の使い方

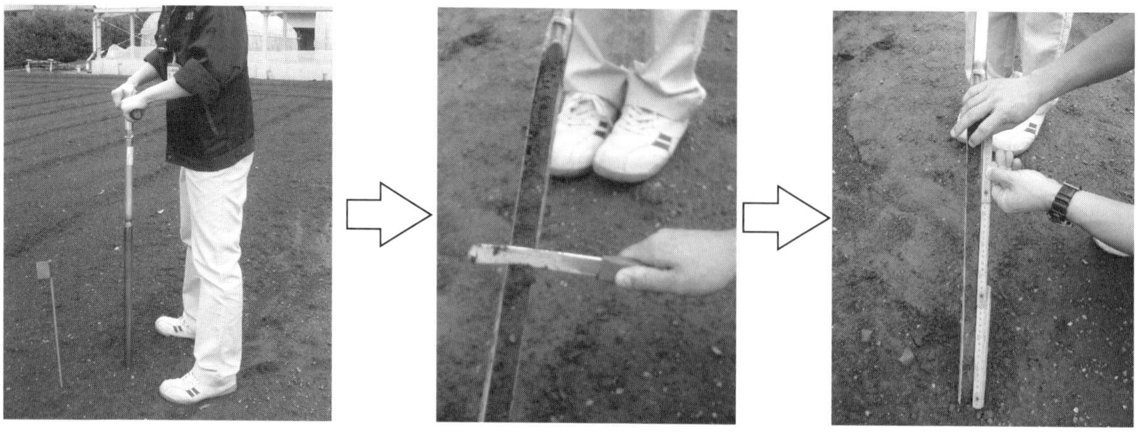

①先端部を地表面に押し込みます。

②ハンドルを1回まわして引き抜きます。切り取った土層をへらで整形し、土の状態を観察します。

③指で押して作土の深さを調べます。耕盤層の位置、下層の水分状況などを確認します。

写真Ⅳ -29　ハンドオーガーの使い方

Ⅴ 土の物理性改良に、この機械・資材

作土の深さ、土の硬さ、水はけ・水持ちの良し悪しといった物理性の改良では、その改良範囲が深層部に及ぶことが多いため、いわゆる土層改良を必要とするので、必然的に機械を用いることになります。どんな機械を用いるのかは土層の状態によって異なるので、正しく選択しなくてはなりません。

また、作土から次層にかけての浅い部位（深さ 20cm 前後）の物理性改良に効果的な資材も紹介しましょう。

1 土の物理性改良に用いる農業機械の種類と特長

（1）適正な機械選択のためのフローチャート

作物にとっては土の中が根の生育しやすい環境にあることが第一です。作土の深さ、土の硬さ、水はけ･水持ちなどの物理性を改良するためには、どのような機械を用いればよいかをフローチャートで示しました。個人ではなかなか所有できない大型機械が必要な場合は、農協の「レンタル農機」を利用することもできます。

■水田における土層改良のための機械選択フローチャート

水田の場合を図Ⅴ-1に示しました。このフローチャートは以下の５点から構成されています。

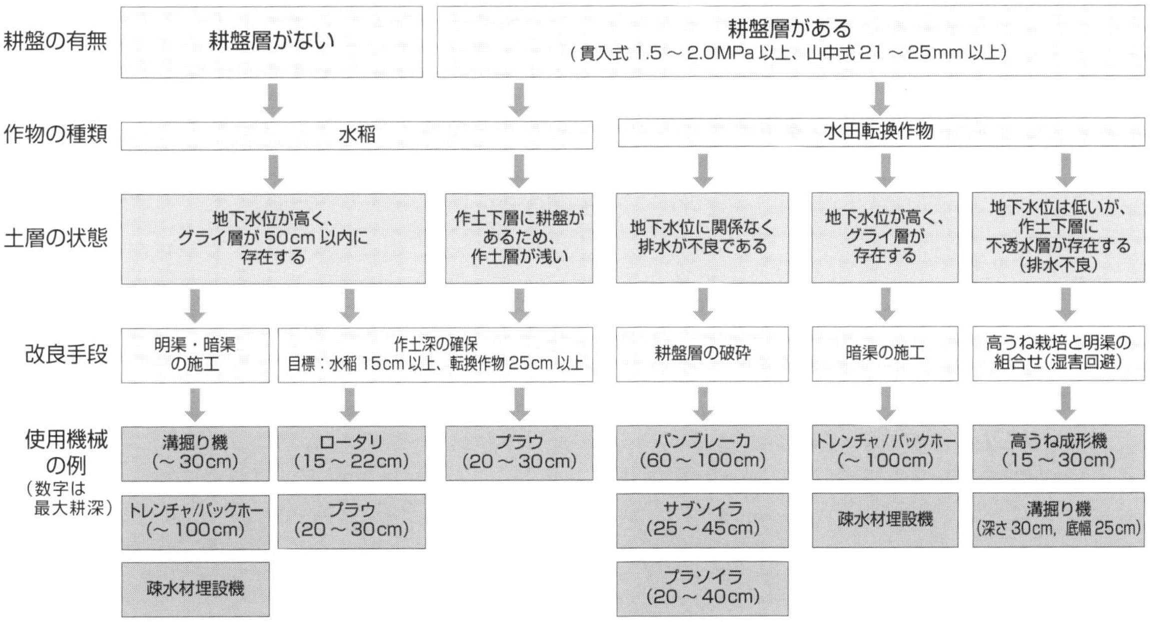

図Ⅴ-1　土の物理性改良を軸にした機械選択フローチャート（水田）

注 1）耕起後に土の保水性や養分量が劣る場合は、良質なもみがら、おがくず、バークなどの副資材入り家畜ふん堆肥や緑肥作物を施用する。

2）各機械の特長については本章（2）および（3）を参照のこと。

① 耕盤層がない水田は地下水位が高い湿田ないし半湿田を想定しています。

② 耕盤層がない水田では排水の第一段階として明渠をつくることを提案しています。水田転換作物では排水が必須なので、暗渠を施工するようにします。

③ 作土深は、水稲では 15cm 以上、水田転換作物では 25cm 以上を目標にしています。

④ 水田転換作物導入に当たって、地下水位に関係なく耕盤層があって排水が悪い圃場では、耕盤層を破砕します。耕盤層の下層も排水が悪い場合は併せて暗渠を施工します。

⑤ 水田転換作物導入に当たって、地下水位が低いが、作土下層に不透水層があるために水はけが悪い圃場では、高うね栽培と明渠を組み合わせて不透水層の乾燥・亀裂生成を図るようにします。

■畑地・樹園地における土層改良のための機械選択フローチャート

図Ⅴ -2 に示した畑地・樹園地の場合のフローチャートを読むうえでのポイントは以下の 3 点です。

① 耕盤層がある場合、浅根性作物では 25cm の作土深の確保を目標とします。一方、深根性作物では下層土に問題があるかないかで機械の選択が異なります。

② 下層土に問題がある場合は土層をなるべく壊さないようにして深耕し、問題がない場合は目標とする深さまで反転・混層します。

③ 果樹・茶では主要根群域の深さ 30〜40cm の土層改良と施肥を目的として、土層の状態に応じて機械を選択します。

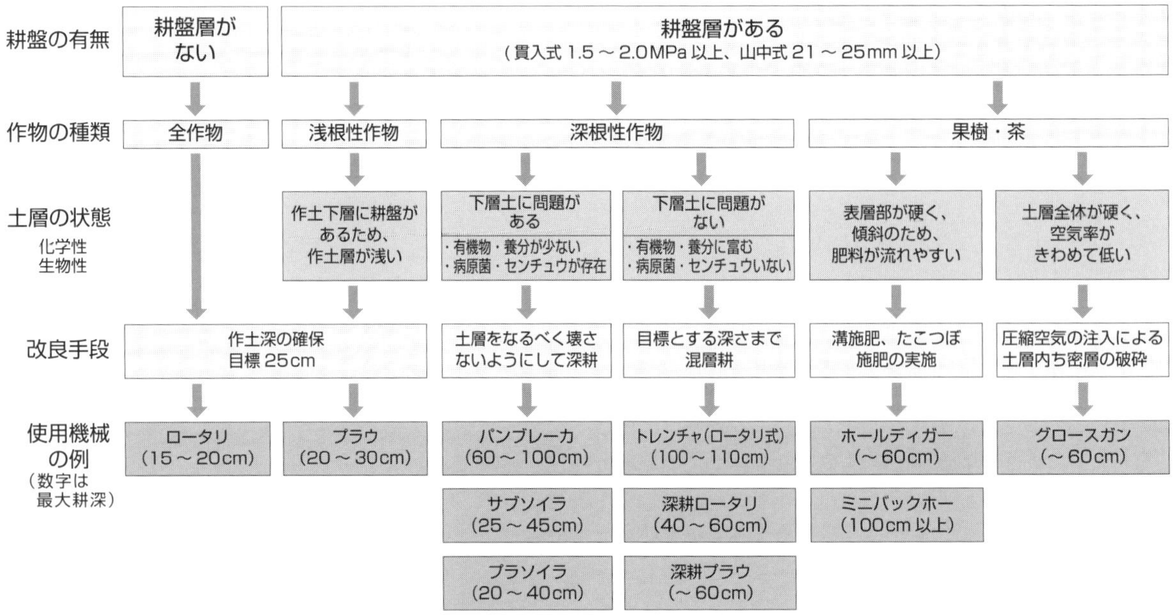

図Ⅴ -2　土の物理性改良を軸にした機械選択フローチャート（畑地・樹園地）

注 1）耕起後に土の保水性や養分量が劣る場合は、良質なもみがら、おがくず、バークなどの副資材入り家畜ふん堆肥や緑肥作物を施用する。

2）各機械の特長については本章（2）および（3）を参照のこと。

(2) 耕盤破砕を目的とする機械

■土層をなるべく壊さないようにして深耕する機械

深さ 40cm よりも浅い部位に硬い層ができていて、根の伸長が制限されている場合に使用します。

【特長】主に硬い層だけを破砕します。

パンブレーカ ナタのような作業機（爪）を付けて、一定の間隔（1～3 本爪）で、通常は深さ 60cm までにできた耕盤層を混層することなく破砕し、水が通る道をつけていくことができます。圃場の排水が改善されて、作物の根域が広がります。

写真Ⅴ-1 パンブレーカ（左）**と施工の様子**（右）

写真Ⅴ-2 爪の長さを測る（60cm）

サブソイラ（心土破砕） 土中にシャンクと呼ばれるナイフを入れてけん引することにより、作土と下層土を混層することなく、耕盤部分を破砕し、膨軟にします。その結果、通気性・透水性が改善され、根が伸びやすくなります。通常、深さ 25～45cm（標準 35cm）程度にできた耕盤層を破砕できます。補助暗渠施工時にも使われます。

サブソイラ

施工の様子

サブソイラによる施工跡

写真Ⅴ-3 サブソイラと施工の様子など

プラソイラ（土層改良） 「プラウ」と「サブソイラ」を組み合わせた機械で、耕起作業機としての側面と心土破砕機としての側面を持っています。プラウがほぼ 100%表層土と下層土を入れ換えるのに比べて、プラソイラは下層土をわずかに表層に持ち上げる機能があります。土の通気性や水の縦浸透の改善、下層土からの養分補給が期待できます。

写真Ⅴ-4　プラソイラ（左）**と施工の様子**（右）

パラソイラ（心土破砕）「くの字型ナイフ」により、土を反転させずに上方に動かすことによって土を膨軟にします（図Ⅴ-3）。土の排水性が高まり、作物の根域が広がります。

パラソイラとグランドハロー（砕土機）の複合作業をするケースが多い。

写真Ⅴ-5　パラソイラ（左）**と施工の様子**（右）

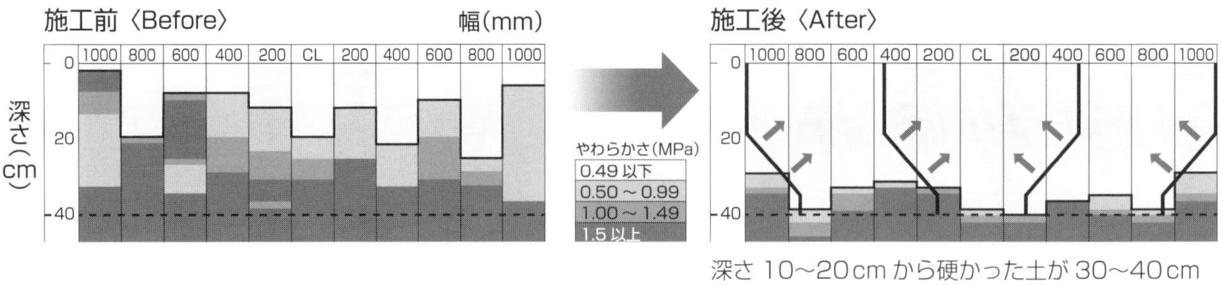

深さ 10～20cm から硬かった土が 30～40cm までやわらかくなっている。

図Ⅴ-3　パラソイラ無反転全層破砕の概念図

ハーフソイラ（心土破砕）プラソイラのように心土や石礫を地表面に上げることがなく、かつ心土を大きく破砕することができます（写真Ⅴ-6 右）。地中に大きな空間のできるハーフソイラは踏圧にも強く、高い排水効果が期待できます（写真Ⅴ-7）。

写真Ｖ-6　ハーフソイラ（左）と施工の様子（右）

写真Ｖ-7　プラソイラ（左）、サブソイラ（中）、ハーフソイラ（右）の破砕断面

地中に大きな空間のできるハーフソイラは踏圧にも強く、高い排水効果が期待できる。

■目的とする深さまでの全層を深耕する機械

ゴボウなどの長根菜類の栽培や果樹栽培における有機物・土壌改良資材・肥料などの溝施肥を行なう場合に使用します。

【特長】肥沃な下層土が存在する場合に、作土と下層土を混層して、新しい作土層をつくり、作物の生産性向上を図ることができます。場合によっては養分の少ない下層土が表層部に出てくるので、有機物や土づくり資材の施用が必要になります。

深耕ロータリ　いくつかの爪を回転させて、耕起、砕土、かく拌、整地を同時に行ないます。普通のロータリの耕深は 10～15cm（最大でも 20cm）程度なのに対して、深さ 40～60cm まで耕うんが可能で、耕うんされた部位はほぼ均一の性状になります。

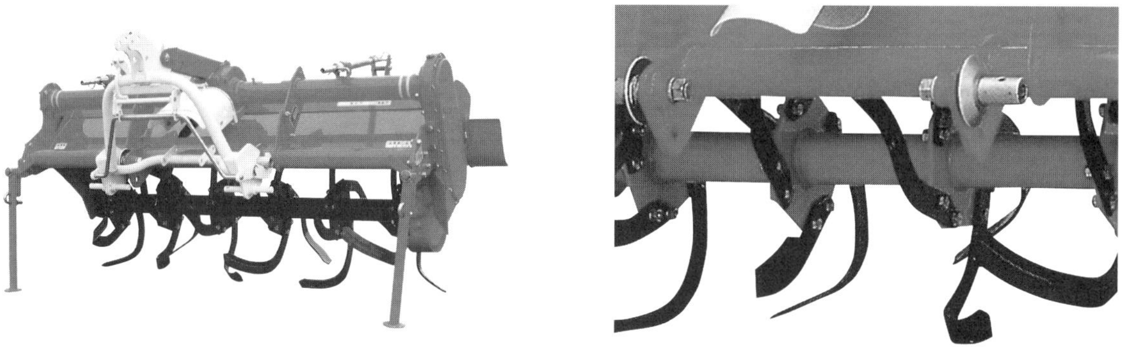

写真Ｖ-8　深耕ロータリ（左）と爪の部分の拡大写真（右）

深耕プラウ　プラウは下層のフレッシュな土を表面に出し、一方で表面の土や雑草、わらなどを下層に埋没させる反転効果と、土を砕いて生育に適した大きさにする破砕効果があります。土の通気性・透水性が高まり、根域が拡大します。一般的に、ロータリよりも深く耕すことができます。

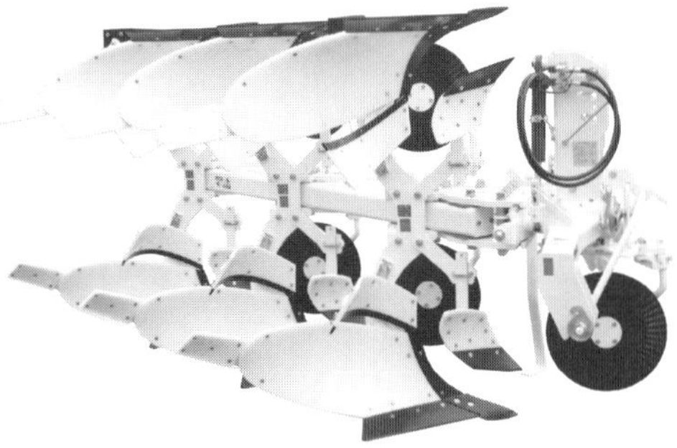

写真Ⅴ-9　深耕プラウ（左：リバーシブルプラウ）**と施工の様子**（右）

リバーシブルプラウ：2組のプラウが背中合わせに取り付けられており、片方のプラウが土を右に反転させ、もう片方は左に反転させる。一方のプラウを使って耕起し、圃場の端まできたとき、プラウを反転させて逆向きのプラウを使って、そのまま次の列を耕起することができる。

トレンチャ　下の写真のようなチェーン、ロータリを回転させて、おおむねうね幅110〜120cm、溝幅15〜20cm、深さ100〜120cmの深耕ができます。ゴボウやナガイモなどの長根菜類の栽培床、果樹園の溝施肥などに用います。水田では本暗渠の施工の際に使われます。

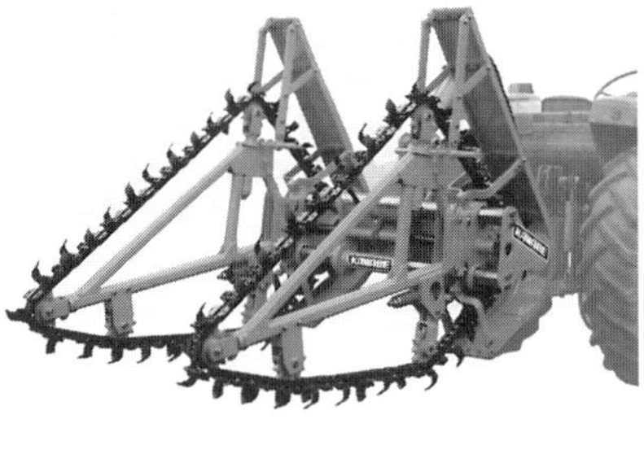

チェーン式トレンチャ

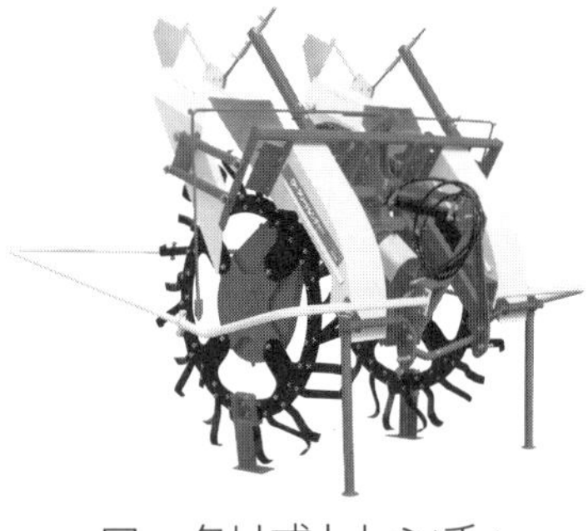

ロータリ式トレンチャ

施工の様子

写真Ⅴ-10　トレンチャ2種と施工の様子

ホールディガー　写真Ⅴ-11のように、トラクタに取り付け、回転させて、深さ60cm、直径15〜30cmの穴を掘る機械です。樹木の周りの4〜8カ所を掘り、有機物や肥料を投入します。

グロウスガン　土中に圧縮空気を送り込んで、硬い層を破砕し、土層内にすき間をつくって透水性や通気性を改善します。空気と同時に肥料や粉末状の有機物を土層内に施用することができます。打込みの深さは無段階で60cmまで可能です。

写真Ｖ-11　ホールディガー

写真Ｖ-12　グロウスガン

■礫混じりの層を改良する機械

深さ 30～40 cm 以内に粒径 30 mm を超える礫が出現する場合に除礫を行なう機械です。

【特長】作物生育の障害になる石礫の除去によって耕うん作業の能率がアップし、増収が期待できます。

ストーンローダー（石礫除去） 土層内の石礫を掘り上げて篩い除去します。

ストーンクラッシャー（石礫破砕） 土層内の石礫を掘り上げて粉砕します。

写真Ｖ-13　ストーンローダー

写真Ｖ-14　ストーンクラッシャー

（3）排水性改良を目的とする機械

■明渠を設置するための機械

地表面の余剰水や土中の横浸透水を集めて排水する目的で、畦畔のきわや圃場の中に溝を掘ります。

【特長】圃場が乾くようになり、適期の作業が可能になります。また、湿害による作物の生育不良を避けることができます。

溝掘り機（明渠施工） 深さ 30cm 程度、底幅 25cm 程度の溝を掘ることができます。

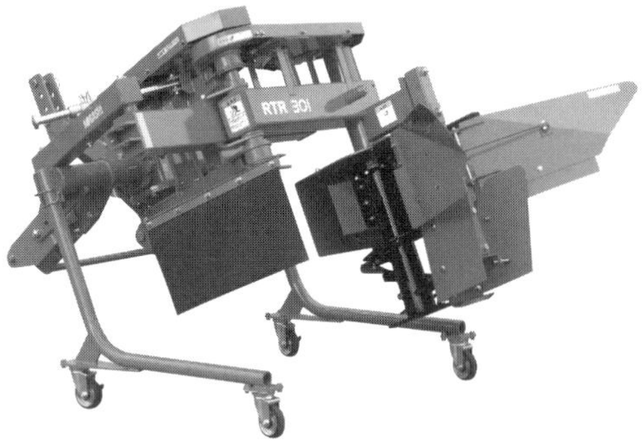

写真Ⅴ-15 溝掘り機（左）**と施工の様子**（右）

■暗渠を設置するための機械

主に土中の過剰水を排除する目的で、トレンチャや最近ではバックホーなどを用いて 1m 程度の深さに溝を掘り、底部に吸水渠を敷設して疎水材を充填し、埋め戻しを行ないます。

【特長】大型機械の使用が必要なためコストがかかりますが、畑作物に見られる湿害の回避、水田の排水改良による高度利用など、作物生産性の向上に及ぼす効果は非常に大きいものがあります。

〔低コストの暗渠施工法〕

暗渠施工法として、従来は土管、多孔プラスチック管などによる完全暗渠が施工されましたが、近年は低コストの施工法としてドレンレイヤー工法や穿孔《せんこう》機を用いて土中に孔を開けるだけの無材暗渠工法が行なわれています。

① ドレンレイヤー工法

疎水材設置と有孔管埋設を同時に行なうドレンレイヤー工法暗渠は、重機掘削方式の従来工法暗渠と比較して施工経費が廉価です。また埋設深が 40～60cm の範囲では排水効果が同等であることから、従来よりも排水路を浅く施工することが可能です*。

写真Ⅴ-16 ドレンレイヤー施工機械

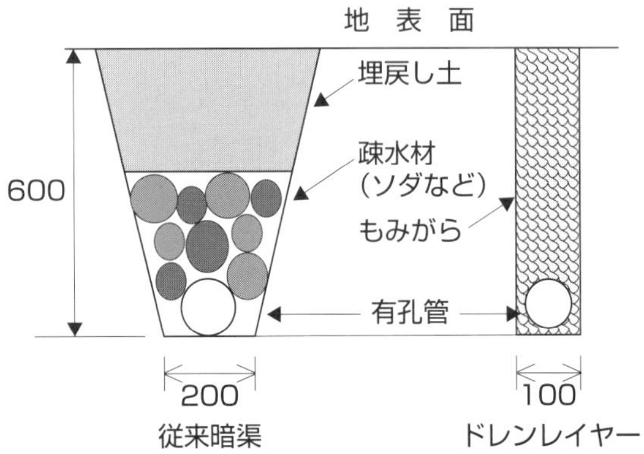

図Ⅴ-4 暗渠断面の比較（埋設深 600mm の場合）

（岩手県農業研究センター：研究レポート No.196、2003）

写真Ⅴ-17　ドレンレイヤーの施工状況

＊排水効果については以下のような千葉県農林総合研究センターのレポートがあります。

　ドレンレイヤー施工区（埋設深 50cm、間隔 5m）は、従来型暗渠施工区（埋設深 70cm、間隔 10m）よりも吸水管が浅層かつ 2 倍の密度で施工されているので、暗渠の排水効果が圃場全体に及び、作土内の重力水[注)]は迅速に排水される。

注）一時的に孔隙にとどまっても、重力の作用で下方に排除される水。

② 無材暗渠工法

　資材を用いずに土中に排水孔となる空洞をつくる方法で、土や地目に応じてトレンチャや切断刃の工法を使い分けます（トレンチャ式は台地土では空洞が崩落しやすく不適。低地土で 5 年、泥炭土で 9 年以上機能を維持できる）。施工費は 60～120 円 /m^2 で一般的な暗渠の 1/10 未満で済みます。

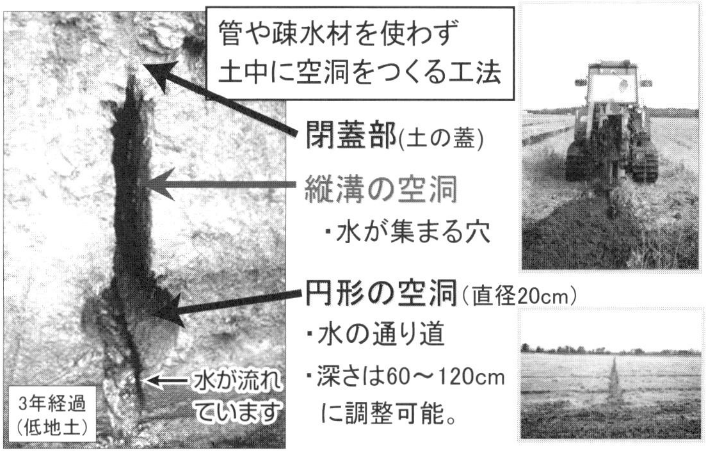

暗渠の形態　　　　施工状況

写真Ⅴ-18　トレンチャ式穿孔暗渠（北川、2011）

施工機の外観　　施工直後　　暗渠の形態

写真Ⅴ-19　切断式穿孔暗渠（北川、2011）

■補助暗渠を設置するための機械

本暗渠を効果的に機能させるために、栽培作物の根域を広げる資材を縦溝状に投入して透水性を高めることを目的とした、いわゆる補助暗渠をつくります。トレンチャやナイフ刃を持つ機械を用います。

【特長】補助暗渠を既設の本暗渠と直交させ、さらに被覆材を連結させて排水の水道《みずみち》を確保します。作物の水分環境が改善され、収量増加につながります。

一般には、もみがら心土破砕が行なわれていますが、近年は低コストの工法であるカッティングソイラ工法が開発されています。トレンチャで溝を掘り、本暗渠と直交させるだけの簡易なものは弾丸暗渠といいます。

〔もみがら心土破砕〕

トレンチャなどの掘削機で、不透水層を切りながら、できた溝にもみがらを充塡し、溝の閉塞を防ぎます。深層部に入ったもみがらは腐りにくいので、長期にわたって本暗渠への水道《みずみち》が確保されます。

写真Ⅴ-20　補助暗渠施工機
振動するナイフで不透水層を切りながら、できた溝にもみがらを充塡していきます。

写真Ⅴ-21　補助暗渠の施工状況（左）**と施工後の断面**（右）

〔カッティングソイラ工法〕

農業生産場面で発生する堆肥、わらや茎葉の作物残渣などの有機質資材を疎水材として活用して圃場の排水性を改善する方法です。土塊の切断・持ち上げ、有機質資材の投入、埋め戻しの３工程を一度に行なう簡素的な工法で、資材運搬部分が不要となって、機械の小型化が実現しました。

カッティングソイラ工法をさらに簡素化した、資材を投入しないカッティングドレン工法も行なわれています。

写真Ⅴ-22　カッティングソイラ施工状況

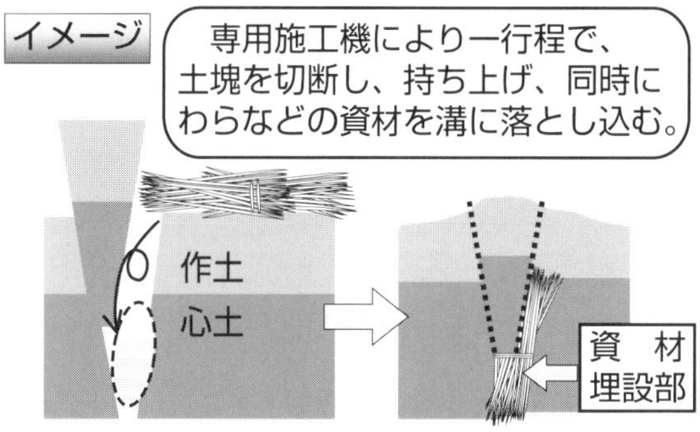

図Ⅴ-5　カッティングソイラの工程（北川、2011）

近年開発された排水改良工法を表Ⅴ-1に示します。

表Ⅴ-1　各種の排水改良事例（北川，2011）

工法名		主な使用資材	施工費の事例（千円/ha）	備　考
有材心土破砕	有材心土破砕	もみがらやバーク堆肥など	1,000～1,800	資材や間隔により異なる
	有材心土破砕（ｶｯﾃﾝｸﾞｿｲﾗ工法）	作物残渣や堆肥など	170～480	資材購入の有無で異なる
疎水材補充工法	営農用（モミタス）	もみがら	自己施工	自己で資材を準備する
	トレンチャ	一般的な疎水材	－	資材や間隔により異なる
無材暗渠	弾丸暗渠	無資材	70～130	深さ40cm程度
	無材暗渠（トレンチャ式）	無資材	100～180	60cm以深で暗渠として機能
	無材暗渠（切断掘削式）	無資材	60～120	60cm以深で暗渠として機能

2　土の物理性改良に用いる資材の種類と特性

この項では主に土の物理性改良効果の高い資材について、その種類と特性を示します。

（1）植物系資材

■もみがら

【特性】もみがらはケイ酸質層で覆われていて堅く、リグニンを多く含んでいるので腐りにくいため、その構造が壊れにくく、構造内部の大きな空隙（すき間）が長時間保持されます。しかし、空隙が大き過ぎるのと撥水性（水をはじく性質）を有するため、水分吸収保持力が小さいことも腐りにくさ（分解しにくさ）につながっています。

写真V-23　もみがら

【利用】腐りにくさを生かして暗渠の疎水材として使われます。また、もみがらそのもので、あるいは堆肥化されて土壌改良資材として施用されます。とくに、粘土の多い圃場での効果は高く、土の中に大小のすき間ができるので、土が膨軟になり、水はけが良くなるだけでなく、水持ちも高まります。水持ちは破砕したもみがらを施用するとさらに高まります。

【利用上の注意点】施用された有機物は微生物によって分解されますが、その際に微生物は栄養源として窒素を必要とします。もみがらおよび未熟なもみがら堆肥は炭素率が高い（炭素に比べて窒素が少ない）ので、微生物が土の中の窒素を取り込んで分解を進めようとするため、多量に施用すると作物の生育不良を招くことがあります（これを窒素飢餓といいます）。また、圃場が必要以上に乾くことがあります。

■おがくず

【特性】おがくずは木材の製造工程で出るノコギリくずです。窒素が0.05〜0.1%ときわめて少なく、リグニンを多く含むため腐りにくいうえに、作物の生育を阻害するフェノールや有機酸などを含んでいます。

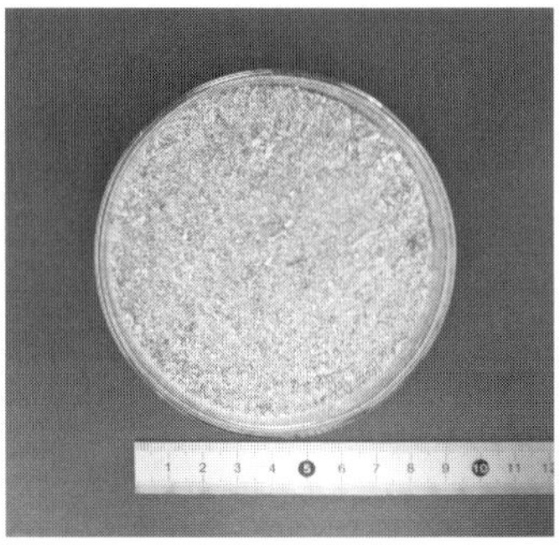

写真V-24　おがくず

【利用】上記の特性があるので、おがくず単独では施用されず、混合堆肥の発酵補助材として使われます。おがくずと混合する素材は、①窒素が多いもの、②水分が多いもの、③汚物感が強いもので、家畜ふん尿、おから、食品加工残渣などです。十分に腐熟したおがくず混合堆肥はもみがら堆肥と同様、土をやわらかくし、水はけ・水持ちを高めます。施用量は野菜作で1〜2t/10aとします。

【利用上の注意点】おがくずの特性からして、まずは十分に腐熟させることが必要で、少なくとも1年以上は堆積・切り返しを行なうようにします。肥料成分の多い豚ぷんや鶏ふんを主体としたおがくず混合堆肥は、含有成分を勘案して施用量を決めるようにします。

■バーク

写真Ⅴ-25　バーク

【特性】バークは広葉樹や針葉樹の樹皮のことです。多くの空隙（すき間）を持っており（たとえば広葉樹では60%程度）、多量の水を保持でき、養分保持力も高いのが特長です。一方、おがくずと同様に、リグニンが多く腐りにくいうえに、作物の生育を阻害するフェノールなどの物質を含んでいます。

【利用】おがくずと同様に、多くは堆肥化して使います。腐熟したバーク堆肥は土の中のすき間を増やし、土をやわらかくし、水はけ·水持ちを高めます。バーク堆肥は土の中での分解が遅いので、この効果は数年にわたって持続します。とくに、粘土の多い土で効果が見られます。一般的な施用量は1～2t/10a、施設園芸では2～5t/10aです。

【利用上の注意点】バークは、もみがらやおがくずと同様に炭素率が高いので、堆肥化しても未熟な場合は作物が窒素飢餓を起こす可能性があります。未熟かどうかはバーク片を割って判定します。バーク片の外側が黒っぽくて脆《もろ》くなっていても、内側が褐色で腐っていなければ未熟であり、さらに堆積して腐熟化を進めるようにします。

バーク堆肥の窒素量は針葉樹では少ないですが、広葉樹ではわら堆肥並みに含まれているので、多施用を避けるようにします。また、いったん乾くと、吸水力が低下する性質があるので、適宜灌水するようにします。

バーク堆肥は広葉樹と針葉樹や混合素材によって成分のばらつきが大きいので、良質な堆肥を使ってもらうための品質基準がいくつか設けられています。本書では日本バーク堆肥協会と全国バーク堆肥工業会の統一基準を示します（表Ⅴ-2）。

表Ⅴ-2　バーク堆肥の品質基準

項　目	基　準
有機物	70%以上
全窒素（N）	1.2%以上
全リン酸（P_2O_5）	0.5%以上
全カリ（K_2O）	0.3%以上
炭素率（C/N）	35以下
pH	5.5～7.5
陽イオン交換容量（CEC）	70me/100g以上
水分	60±5%
幼植物試験	異常を認めない

■植物系資材の堆肥化

上述したように、もみがら、おがくず、バークはいずれも炭素率が高いので、未熟なまま土に施用すると、作物にとって有害な成分が出てきたり、窒素飢餓を招いたりして生育不良になる可能性があります。また、過度に水はけが良くなって土が乾きやすくなったりします。こうした欠点を補うために堆肥化が推奨されます。これらの資材はとても腐りにくいので、少なくとも1年以上の堆積が望ましいです。

最近、使われることが多い家畜ふん堆肥のなかで、もっとも土の物理性改良効果が高いのが牛ふん堆肥です。それは牛が青草、乾草、サイレージなど繊維質を多く含んだ飼料を食べているのに対して、豚や鶏は濃厚飼料が主であるからです。

表Ⅴ-3 主な堆肥の土の物理性・化学性に対する施用効果

堆肥の種類		施用効果		施用上の注意
		物理性改良	化学性改良	
稲わら堆肥		中	中	未熟なものを施用すると作物が窒素飢餓を起こすことがある。
もみがら堆肥		大	小	
おがくず堆肥		大	小	
バーク堆肥		大	小	
植物質素材混合堆肥	牛ふん	大	小	家畜ふんが腐熟していても、木質物が未熟な場合があるので、十分に腐熟させる。
	豚ぷん	大	中	
	鶏ふん	大	中	
家畜ふん堆肥	牛ふん	中	中	豚ぷん堆肥、鶏ふん堆肥の肥効は化学肥料に近いので、成分量を勘案して施用する。
	豚ぷん	小	大	
	鶏ふん	小	大	

注）植物質素材：もみがら、おがくず、バーク。

(2) 鉱物系資材

■パーライト

【特性】真珠岩などのガラス質流紋岩を粉砕し、高温で焼成発泡させたものです。粒子の中のすき間がきわめて多く、高い保水能力があります。この保水能力は粒径が細かいほど高くなります。透水性や通気性を高めたい場合は粒径が大きいものを使います。化学的には中性～微アルカリ性で、養分供給は期待できません。

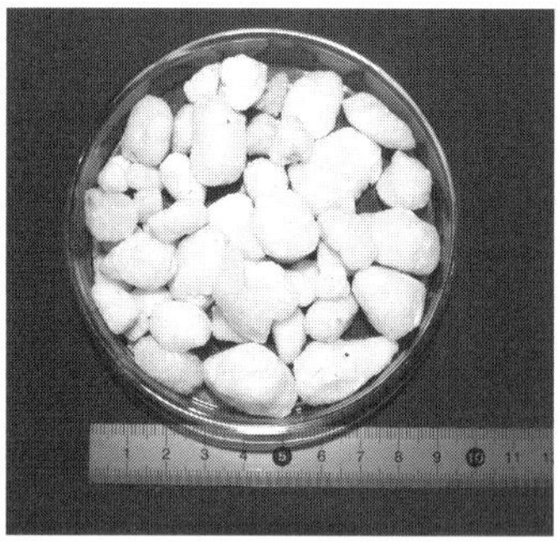

写真Ⅴ-26 パーライト

【利用】土に対して容積割合で 10～30%の施用で、水はけ・水持ちが良くなります。水はけの改良効果は粘土の多い土で大きく、水持ちは砂がちの土で大きくなります。

【利用上の注意点】施用方法は全面散布よりも層状に施用するのが効果的で、肥料の流亡も抑えることができます。非常に軽いので、地表に露出すると風雨などによって消失するおそれがあるので、土とよく混ぜるようにします。

■バーミキュライト

【特性】ひる石を 600～1,000℃で焼成したものです。容積重は 1ℓ当たり 0.25kg と非常に軽く、90%程度のすき間を持っています。水を吸うと膨張して容積が増大します。また、肥料養分を吸着保持する能力を有しています。

【利用】きわめてすき間が多いので、土に混ぜると、土はやわらかくなり、透水性、通気性、保水性、固結性などを改善する効果が期待できます。保肥力が大きいので、アンモニアやカリなどの肥料養分の持続的な供給をもたらします。土に対して容積割合で 20%以上の施用で効果があると報告されています。

写真Ⅴ-27　バーミキュライト

【利用上の注意点】焼成バーミキュライトは吸水すればその保水性は高いですが、十分に吸水するまでに時間がかかることに注意する必要があります。非常に軽いので、水田で使う場合は、湛水によって浮き上がったり、流れ出たりしないように、土とよく混ぜるようにします。

■ベントナイト

【特性】膨張性粘土鉱物であるスメクタイトを主成分とする粘土です。バーミキュライトと同様に、水を吸うと膨張して容積が増大し、さらに大量の水を吸収すると崩壊・分散して懸濁液に変化します。これは水に対して強い親和性を持っているためです。また、肥料成分を吸着保持する能力を有しています。

写真Ⅴ-28　ベントナイト

【利用】ベントナイトは水や養分を保持する能力が高いので、砂質土のような保水力や保肥力の小さい土の改良に効果があります。水田に施用すると膨潤して漏水が抑えられて水温・地温が上昇するので、水稲の生育が良好になります。また、適正な減水深に改善されるためベントナイト施用前に比べて灌がい水の浸透量が減り、肥料成分の流亡損失を抑えることができます。ベントナイトの施用量は畑地では 1t/10a 程度、水田で 1～2t/10a といわれています。

【利用上の注意点】火山灰土では施用して 3 年程度で施用効果が低下してくるので、3～5 年を目途に再施用する必要があります。

なお、ゼオライトもベントナイトとよく似た特性を持っていますが、主な施用効果は土の物理性改善でなく、土の化学性である「保肥力の改善」であることから、記載を省略しました。

(3) 緑肥作物

緑肥作物（以下緑肥）は有機物補給や透水性改良のほか、窒素施用量の削減、過剰蓄積養分の除去（クリーニングクロップ）、土壌病害や有害センチュウ類の抑制など、さまざまな目的で利用されています（表Ⅴ-4）。この表からもわかるように、緑肥の土壌改良効果はその種類、さらに品種によっても異なるので、実際に利用する際には十分注意する必要があります。本書では土の物理性改良に役立つ緑肥に絞って紹介します。

表Ⅴ-4 土壌改良効果の高い緑肥作物の種類

項 目	目 的	緑肥作物の種類
物理性改良	有機物の補給	トウモロコシ、ソルゴー、スーダングラス、エンバク野生種
	透水性の改良	ヘアリーベッチ、セスバニア、トウモロコシ、ソルゴー
化学性改良	窒素減肥	アカクローバ、ヘアリーベッチ
	クリーニングクロップ	ソルゴー、トウモロコシ、ギニアグラス
生物性改良	土壌病害抑制	エンバク野生種、チャガラシ
	ネコブセンチュウ抑制	ソルゴー、ギニアグラス、エンバク、クロタラリア、マリーゴールド
	ネグサレセンチュウ抑制	エンバク野生種、ライムギ、マリーゴールド
	シストセンチュウ抑制	アカクローバ、クリムソンクローバ、クロタラリア

注）橋爪 健『緑肥作物 とことん活用読本』（2014）を参考にして作成した。

■有機物補給の効果が高い緑肥作物

堆肥の生産や入手が難しいために有機物補給がままならず、土の生産力が低下している圃場では、休閑期を利用して緑肥を導入するようにします。利用する緑肥としては乾物生産量の大きいイネ科作物であるトウモロコシ、ソルゴー、スーダングラス、エンバク野生種などが適しています（表Ⅴ-5）。

トウモロコシ、ソルゴー、スーダングラスは夏期に、エンバク野生種は春期か秋期に栽培されるので、この間の主作物は休閑となります。これらの緑肥を土にすき込むことによって、有機物の補給ができるばかりでなく、土の中のすき間を増やし土粒子の団粒化を促進して、水はけ、水持ちの良い土に改良します。

表Ⅴ-5 土の物理性改良に効果の高い緑肥作物の特性[1)]

作物名	草丈 (m)	乾物生産量 (t/10a)	播種量 (kg/10a)	播種期[2)] (月旬)	すき込み時期 (播種後日数)
トウモロコシ	2.0～2.5	0.8～1.4	7,000粒	5上～7中	乳熟～糊熟期
ソルゴー	3.0前後	1.0～1.5	2～3 (堆肥ソルゴー)	5中～8上	草丈1.5～2.0m (60日前後)
スーダングラス	2.0～3.0	0.6～0,9	5	5中～8中(露地) 5～8（ハウス）	草丈1.5～2.0m (60日前後)
エンバク野生種	1.0～1.2	0.6～0,8	10～15	3上～5下 10中～11上 (夏播きは除く)	出穂前後 (50～60日)
ヘアリーベッチ	0.3～0.5	0.3～0.6	3～5	3上～4上 9中～11上	適宜刈り (60日後)
セスバニア	1.5～2.0	0.4～0.6	条播4、散播5	5下～7下	草丈1.5～2.0m (50～60日前後)

注1）各作物の特性は品種によって多少異なる。
2）一般地（寒冷地・西南暖地を除く）について記載した。

これら緑肥の特長を個別に見ると、トウモロコシは価格が安く、低温に強いので早い時期から播くことができるなどの利点があります。ソルゴーは耐病性や耐倒伏性にすぐれ、吸肥力が強いのでハウスの過剰養分除去にも役立ちます。スーダングラスは葉が多く、細茎で、やわらかいので、出穂前にすき込めば分解も早く、後作物への養分供給が期待できます。エンバク野生種は早春と秋の播種が可能であり、播種量が多いので播きやすく、短期間で生育し、雑草競合にも強いです。

■透水性の改良効果が高い緑肥作物

緑肥のなかでも、とくに根張りが良く、土を膨軟にし、硬い耕盤層をも突き抜けて土の水はけ（透水性・通気性）を高めるものがあります。その代表的な緑肥であるセスバニアは排水不良地でも生育し、深さ 70～80cm まで根が伸びることが確認されています。

セスバニアは夏期の作物であるため、この時期に導入できない場合はヘアリーベッチを利用します。ヘアリーベッチも深さ 50cm 以上まで根が伸びて、土の中に亀裂をつくり透水性を高めます。しかし、ヘアリーベッチは排水不良地では生育が悪いので、排水の良い圃場で使うようにします。

畑地では根量が多く、深くまで根が入るトウモロコシやソルゴーが適しています。ただし、水はけの悪い圃場ではトウモロコシは生育が良くないので、ソルゴーを選ぶようにします。

写真Ⅴ-29　緑肥作物（左からソルゴー、エンバク野生種、セスバニア）（写真提供：橋爪健）

■緑肥作物のすき込みと腐熟期間

イネ科の緑肥は生育が進むにつれて分解しにくい繊維が増えますので、出穂前にすき込むのが基本になります。最初にフレールモアで細断し、プラウまたはロータリですき込みます。すき込み時に石灰窒素 60～100kg / 10a 程度を施用すると、分解・腐熟が早まります。その後も分解を進めるため、ロータリ耕を週 1 回程度行ないます。

すき込み後の腐熟期間は 1 カ月をめやすとします。腐熟途中で後作物を栽培すると、ピシウム菌やフェノールなどの有害物質が生じて発芽や生育障害を招いたり、微生物による窒素の取り込みによって土の中の窒素量が不足するため、作物が窒素飢餓状態となり初期生育が不良になったりすることがあります。

写真Ⅴ-30　ヘアリーベッチのすき込み

（写真提供：橋爪健）

Ⅵ　現地事例に学ぶ　土を見るポイント

　穴を掘って土の状態を見れば、自分たちがやってきたことがちゃんと土に現われているので、作物生産にどのように影響しているのかが、だいたいわかるんですよ。
　それでは現地の事例を紹介しましょう。

1　基盤整備を行なった圃場

土の状態を見るポイント

　基盤整備は圃場の大区画化や汎用化を目的とした土木的工事であり、通常は圃場の土が大きく移動するので、新しくできた圃場の土の状態は以前とは異なっています。このような圃場では土の硬さや透水性、通気性といった基本的な物理性はもちろんのこと、土層の積み重なりもチェックして、下層土も含めた改良を行ないます。
　また、平坦な圃場面をつくるため、通常は盛土と切土が行なわれます。とくに、盛土部では盛土された深さ、切土部では土の硬さを調べて、作物生産に適した改善を図るようにします。

（1）基盤整備水田で見られた表土扱いの重要性（福岡県、2013年）

　この水田（写真Ⅵ-1）の土の状態を見るポイントは五つあります。

写真Ⅵ-1　表土扱いされた水田の土の断面
赤い帯状斑は還元鉄の存在を示す。

ポイント1　断面の上部と下部で土の種類が違う
　上部には深さ30cmまで泥岩が母材の強粘質土（土性：埴土）、下部には花崗岩が母材のマサ土（土性：砂土）が見られます。しかも丘陵地や台地に分布するマサ土が低地にある水田の下部に存在するとは考えにくいところです。

ポイント2　聞取りから表土扱いされたことを知る
　この地域の方に聞いたところ、この一帯は約30年前に基盤整備が行なわれており、1m以上のかさ上げが行なわれたとのことでした。こうした状況から断面下部のマサ土は山手から運ばれて客土されたことがわかりました。上部の強粘質土は現地の土をいったん除いた後、再び戻したもので、いわゆる表土扱いが行なわれたのです。

ポイント3　上部は還元的、下部は酸化的な土層である
　作土の深さは13〜14cmであり、標準的な深さです。深さ20cmくらいからやや硬くなりますが、明瞭なすき床層は形成されていません。調査の 6 日前の 3 日間で約 140mm の積算降雨があったため、上部の強粘質土層は水を多く含んでおり、還元的な灰色のグライ（p.47 参照）が生成しています。一方、下部のマサ土は全体的に黄褐色の酸化層となっています。また、強粘質土層には塊状構造が見られ、土塊の割れ目には面に沿って膜状斑鉄（p.47 参照）が認められました。

ポイント４　上部と下部の土層の状態から水の動きを読む

こうした土層の状態から、灌がい水や降雨は、上部強粘質土層では水稲根跡や小さな孔隙（土のすき間）を通って徐々に下方に浸透し、下部マサ土が出現するところで急激な酸化を受けて酸化鉄の集積をもたらし、一気に抜けていくことが推察されます。以上から、この圃場は灌がい水湿性で、作土グライの性質を持つ水田であるといえます。

ポイント５　上部の強粘質土層の作物生産性への関わり

イネの生育にとっては水の確保（保水力）と養分保持（保肥力）の高い土の存在が重要です。その意味で、上部の強粘質土層は当然のことながら水や養分を多く保持できる粘土（膨張性粘土鉱物）を多く含んでおり、イネに対する養水分供給の役目を果たしています。また、そうした**強粘質土層の幅が 30cm と、通常の作土深の 2 倍程度あることが、この圃場の生産安定性につながっているのです。**このように生産性の高い土が表土扱いされたことを断面から読み取ることが一番のポイントであるといえます。

今後とも水田を続けるのであれば、上部の強粘質土層を乾かし過ぎないようにします。この土層を乾かしてしまうと多くの亀裂ができてマサ土の土層まで到達するため、圃場全体が透水過良となって作土の養分が水とともに下層に溶脱し、作物生産性が低下してしまいます。さらに粘土が脱水・収縮するため、耕盤が形成されるおそれがあります。

（2）盛土の深さがトウモロコシの生育に影響する（千葉県、2014 年）

ポイント１　端っこほどトウモロコシの生育が悪いのはなぜ？

火山灰台地の露地畑で実取りのトウモロコシが栽培されています（写真Ⅵ-2）。よく見ると、左端ほど生育が悪いことに気がつきました。そこで、この圃場の持ち主に土の管理履歴を聞いたところ、新しく畑をつくるために盛土造成したとのことでした。

写真Ⅵ-2　実取りトウモロコシの生育状況

ポイント２　盛土の深さを調べる

盛土造成した畑では、盛土部の土をどこから持ってきたのか、また作物の根が十分に伸長するだけの深さまで盛土されているかをチェックすることが大切です。盛土部の土は同じ火山灰の表層部だったので、作物生育上の問題はありません。

写真Ⅵ-3　トウモロコシの根張りの状況

次に、盛土の深さを知るために生育の悪いトウモロコシの脇の土を30cmほど掘ってみました。それが写真Ⅵ-3です。トウモロコシの根は盛土された深さ20cm付近まではたくさん伸びているのが観察されますが、それ以深は非常に硬い切土部（土壌硬度計の数値で24mm以上）が現われてきて根張りが極端に悪くなっているのがわかります。一方、トウモロコシの生育が良いところは盛土の深さが30cm以上あることを確かめました。

ポイント３　盛土造成はどう作物生産性に影響するのか

この圃場のように、盛土深が薄いと切土部が浅い位置から出てきて作物生育に影響することがあります。この場合は作物の根群域が十分に確保されていないので、深耕ロータリやプラウを用いて、25～30cmの深さを目標にして、耕土を深くするように努めます。さらに透水性の向上を兼ねてプラソイラやサブソイラで40～50cmまでの土層を破砕することも作物生育にとって有効です。

また、盛土には必ず物理的・化学的性質がわかっている土を用いるようにします。どのような性質を持つのかわからない土が盛土されると、その改良に思わぬ苦労をすることになります。

（3）作物の生産性が低い切土造成圃場の土の改良（広島県、2015年）

ポイント１　切土造成された圃場であることを知る

この圃場は写真Ⅵ-4のハウス群の右のハウスの中にあります。このハウス群が台地上の広い平坦面に建てられていることから、農地造成工事が行なわれた可能性があります。そこで、圃場の持ち主に聞いたところ、この圃場が写真Ⅵ-4にある山地の一角を削ってつくられたものとわかりました。この山地は花崗岩でできていることから、圃場の土は粗粒質で養分がきわめて少なく、作物生産性の低いマサ土であることが想定されました。

写真Ⅵ-4　圃場の立地状況

ポイント２　断面の上部と下部ではまったく違う土層になっている

少し頑張って深さ60cm近くまで穴を掘ってみました（写真Ⅵ-5）。見てわかるように深さ25cmを境にしてまったく土層の感じが違います。25cmよりも上部の土層は黒褐色～暗褐色をしており、腐植（有機物）含量が多いと判断されます。土性は砂壌土で、下層に比べて少し粘りが感じられます。

深さ5～10cm付近をよく見ると小塊状の構造ができており、水はけ・水持ちとも良い土であることがうかがえます。また、土の硬さを示すち密度は、作土層（0～16cm）では10mm以下でやわらかく、作土層②（16～25cm）でも19mm以下で根が入らないほどの硬さではありません。

一方、25cmよりも下部の土層は切土造成当時の面影を残しており、腐植（有機物）含量に乏しいため黄褐色で砂土の土性を持っています。ち密度は22～26mmで大きく、かなり硬いといえます。

写真Ⅵ-5　切土造成ハウス圃場の土の断面

ポイント3　ホウレンソウの根張りを観察する

上下の土層の生産性の違いは作付けされたホウレンソウの根張りによく表われています。土の腐植含量が多く、やわらかくて、構造ができて大小の孔隙（土のすき間）が見られる作土層では十分に養水分が供給される環境にあるため、根が多く張っています。深さ16cm以深の作土層②にも根は入り込んでいますが、土が硬くなった分、量的には減っていることがわかります。

しかし、25cm以深のマサ土層ではごく上部の30cmまでに根が見られるだけです。その理由として、①ち密度が最高26mmと高く、根が入り込めない硬さであることに加えて、②粗粒質のため養分が少なく水持ちが悪いため、根がより下方に伸びていかないものと思われます。

ポイント4　この圃場の生産性を高めた方法は？

山地を削ってつくったマサ土の圃場の生産性を劇的に高めたのは、よく腐熟した（C/N比18.8）養分バランスの良い（全窒素1.1%、全リン酸1.3%、全カリ0.6%、水分52%）牛ふんおがくず堆肥（5t/10a）を3年間連用してきたからです。その結果、土は指が抵抗なく入るほどにやわらかくなり、容積当たりの土の量が約20%減少した分、水や空気が入るすき間が増加しています（表Ⅵ-1）。

このように、ホウレンソウの根群域が改善されるにしたがい、**収量もこの3年間で40%アップ（855kg/10a→1,200kg/10a）しました。**しかし、根張りの下端は30cmに止まっているので、引き続き堆肥を施用しつつ、さらに5～10cmの深耕を行ない、堆肥施用層を拡大して根群域を広めるようにします。

表Ⅵ-1　層位別に見た土の物理性

調査部位	土の硬さ(mm)	容積重(g/100mℓ)	三相分布（%）			土層の特徴
			固相率	水分率	空気率	
上部層（深さ10cm）	10.9	110.1	42.3	19.5	38.2	堆肥施用
下部層（深さ30cm）	26.1	140.7	54.1	23.0	22.9	マサ土

2　耕盤ができている圃場

土の状態を見るポイント

基盤整備をした圃場では、整地作業の際にブルドーザなどの重機が何度も走行するので、土は圧密を受けて硬盤*が形成されます。また、ロータリ耕やプラウ耕を同じ深さで繰り返しかけることによって硬い耕盤ができます。このような圃場では耕盤（硬盤）を破砕して透水性や通気性を改善し、作物の根張りを良好にする必要があります。

＊以下の表記では「耕盤」を用います（p.6 および p.7 を参照してください）。

（1）耕盤破砕＋窒素施肥でナシの根がびっしり張った（千葉県、2003 年）

ポイント１　樹園地では耕盤ができやすい

樹園地では 2t 以上もあるスピードスプレイヤー（消毒機械）やトラクタの走行による土への圧密や煩雑な栽培管理による踏圧などによって、表層直下部に耕盤ができやすく、根張りに大きな影響を与えています（p.44 参照）。また、樹園地は台地・丘陵地に多く、下層土は硬く締まっているのが一般的です。

一方で、果樹の活性根は深さ 30〜40cm に多く、根域は 60〜70cm が必要といわれていることから（表Ⅵ-2）、深耕が推奨されています。

表Ⅵ-2　果樹の主要根群域、根域および地下水位（cm）

項　目	ミカン	リンゴ	ブドウ	ナシ	モモ	カキ	クリ
主要根群域	30	30	30	40	30	40	40
根　　域	60	60	50	70	60	60	60
地下水位	100	100	80	100	100	100	100

ポイント２　ホールデイガーによる土層改良の試み

ニホンナシの「幸水」は甘くて瑞々《みずみず》しく、多くの消費者に人気がある果物です。しかし、栽培して 20 年くらいになると、樹勢が弱まり収量が上がらない傾向が指摘されています。そこで、「幸水」を栽培して 20 年が経過した黒ボク土（火山灰土）樹園地において、ホールディガーを用いて深さ約 80cm の局所深耕を行なって土層改良を図り、同時に不足する窒素分を緩効性肥料で局所深耕部に施用しました。一方で、無深耕で慣行施肥の圃場（対照圃場）を設けました。なお、深耕圃場に施用した窒素量は対照圃場の 63%で、肥料コストも 56%の削減となりました。

写真Ⅵ-6　ホールディガー

ポイント３　局所深耕部には根が集中

翌年 10 月にナシの生産者が集まるなかで、穴を掘ってみたところ、一目瞭然！　局所深耕した圃場では生き生きとした根が張っていました。しかも、深さ 20〜30cm あたりには活性根がびっしりと見られます。それに比べて、無深耕の圃場の根は少なく、硬い褐色粘土層が出てくる 40cm 以深ではわずかに見られるだけでした（写真Ⅵ-7）。このように、局所深耕＋窒素施肥によって、ナシの根が飛躍的に増えたことが確認できました。

写真Ⅵ-7　ナシの根張りの状況（左：対照圃場、右：深耕圃場）

ポイント４　収量アップ、食味も問題なし

深耕圃場では食味への悪影響もなく、果実は肥大して、**収量は対照圃場の 2.5t/10a に対して 2.9t/10a となり、16%の増加となりました。**深耕処理後 1 年でどこでもこれほどの効果があるとは思えませんが、深耕によって土がやわらかくなり、透水性や通気性が高まるなどの物理性が改善し、深耕部分に効率的な施肥をしたことで、多くの根が集中し、養水分の吸収が活発になって収量アップにつながったと考えられます。深耕部分の局所施肥はナシの窒素利用率を高めて施肥コストの削減をもたらし、環境負荷低減にも有効でした。

ちょっと深掘り 11

樹園地の深耕の方法

従来は、機械による深耕方法として、トレンチャが使われていましたが、根が切断されるという欠点がありました。そのため、近年はⅤ章（2）で紹介したホールディガーやグロウスガンが使われるようになりました。グロウスガンは硬い土層の部分に圧縮空気を送り込むもので、盃状に割れ目ができて、通気性・透水性を高めます。土層破砕と同時に粉状の有機物や肥料を目的とする深さに入れることができます。

また、写真Ⅵ-8 のように、高水圧剥皮機（バークストリッパー）の水圧（9MPa 程度）を用いた深耕も行なわれています。1 穴の掘削には約 10ℓ の水が必要になります。

①噴出する水で穴を掘削

②掘削後の穴の様子

③掘削した穴への堆肥施用

写真Ⅵ-8　高水圧剥皮機を用いた土層改良方法（写真提供：森末文徳）

(2) 耕盤破砕で今までつくれなかったダイコンがとれた（神奈川県、2014 年）

ポイント 1　ホウレンソウやコマツナしかできない

この圃場の土は重くて硬いので、浅くしか耕うんできないため、生産者はホウレンソウやコマツナしかつくれないのが悩みでした。そこで、どのくらい硬いのか穴を掘ってみました。写真Ⅵ-9 が圃場の断面です。

写真Ⅵ-9　ホウレンソウ畑の土の断面
土壌硬度計を刺した跡の穴が多数見られる。

なんと作土は 10cm しかありません。その下層になると、硬さはいきなり 26mm となり、根はほとんど見られません。深さ 25cm 以深では硬さは 20mm 前後であり、とくに 10〜20cm に硬い耕盤層ができていました。これでは根張りは制限され、水はけが悪いこともうなずけます。

この圃場の土は近くの川が運んできた砂よりも粒が小さいシルトが主体なので、締まりやすい性質を持っています。このため、普通のロータリ耕ではこの耕盤層を壊すことができません。そこでプラソイラを用いて耕盤破砕が行なわれました。

ポイント 2　プラソイラで土はどう変わったか

27 馬力のトラクタを使って 2 連のプラソイラを畑に入れました。作業終了時の土の状態は写真Ⅵ-11 のとおりで、深さ 40cm を頂点として V 字型に土が崩れており、爪が挿入された部分には小粒状〜塊状の構造が見られます。このような構造があると、土の中の空気が増え、水はけが良くなるので、根にとって好ましい環境になります。

写真Ⅵ-10　プラソイラによる耕盤破砕

また、土の硬さは爪が到達した深さまで明らかにやわらかくなっており、40cm まで作物根が伸長できる状態になりました。なお、この耕盤破砕効果は 1 作栽培後も持続していました。

写真Ⅵ-11　プラソイラによる深耕の跡

ポイント3　耕盤破砕で栽培作物の幅が広がる！

プラソイラで耕盤破砕した圃場にダイコンを作付けしました。今までは葉菜類しかつくれなかった圃場です。写真Ⅵ-12のように立派にダイコンが生育しました。収量も8t/10a得られ、**ロータリ耕（無深耕）で得られた収量を20%上回りました。**また、ダイコンの曲がり株率もロータリ耕の1/2以下となり、商品価値の高いものができました。

写真Ⅵ-12　ダイコン生育の様子

このように、耕盤破砕によって、栽培作物の幅が広がることは生産者にとっても大きなメリットといえます。しかし、上述したように、この圃場はシルト主体で締まりやすい性質を持つため、作物の生育状況を見ながら、深耕を取り入れていく必要があります。

(3) 耕盤があると、お茶の根も入っていけない（京都府、2006年）

ポイント1　農地造成圃場では栽培して3年くらいまでが要注意

写真Ⅵ-13は、国営農地開発によって花崗岩の山地を削って造成された農業団地の光景です。造成後に茶樹の苗が定植されました。定植後2〜3年は比較的順調な生育を示しましたが、3年を経過するに至って、一部の株に生育不良症状が見られ、雪害もあって枯死する株が出てきました。

写真Ⅵ-13　茶樹が定植された国営開発農地

このような新規に開発された農地における生育不良は、作物が地上部の生育に比例して、根が十分に張っていくまでの期間に発生する場合が多く、それは3年くらいまでに起こることが多いようです。

ポイント2　造成圃場では耕盤層ができている

生育不良の茶樹の周辺を掘ってみたところ、作土直下の深さ20〜30cmにかけて指の跡がやっとつくほどに硬い層が出てきました。土塊を手に取ってみても、ち密であり、粒状や塊状の構造や孔隙も見られず、いわゆる耕盤層ができていました。これは農地造成時に幾度となくブルドーザが走行しており、土が踏圧を受けて、ち密化したためといえます。

ここは花崗岩地帯なので、砂がちの土（砂壌土）が重機の強い圧迫を受けて土粒子間のすき間がつぶれ、より硬い耕盤層ができたものと思われます。このように程度の差はあるにしろ、造成圃場では耕盤層ができているものとして、その対策を打っておくことが大切です。

ポイント３　根は正直？！　耕盤層にはまったく侵入せず

生育不良の茶樹の根は耕盤層の上で水平方向に伸びており、耕盤層にはまったく侵入していません（写真Ⅵ - 14 左)。しかも、根径は細く根量が少ないことがわかります。

一方、写真Ⅵ - 14 右は、圃場の排水促進を目的として暗渠を施工するためにトレンチャを入れた場所に生育していた茶樹の根張りの状況です。トレンチャによって耕盤層が破砕されたため、30 cm 以上の深さにも根が伸長し、根径も太く根量も著しく多く、根先端からは透明で新鮮な細根が数多く見られるなど、根張りが非常に良好なことが観察されました。この茶樹の生育が良好なのはいうまでもありません。

ポイント４　対策は耕盤層破砕

ポイント２で述べたように、大型の重機で造成された農地では必然的に耕盤層が形成されます。この層は作物の根張りを著しく抑制することから、プラソイラや深耕プラウによる耕盤層の破砕と併せて牛ふんバーク堆肥のような粗大有機物を施用して下層の膨軟化を図り、作物の生育環境を改善するようにします。

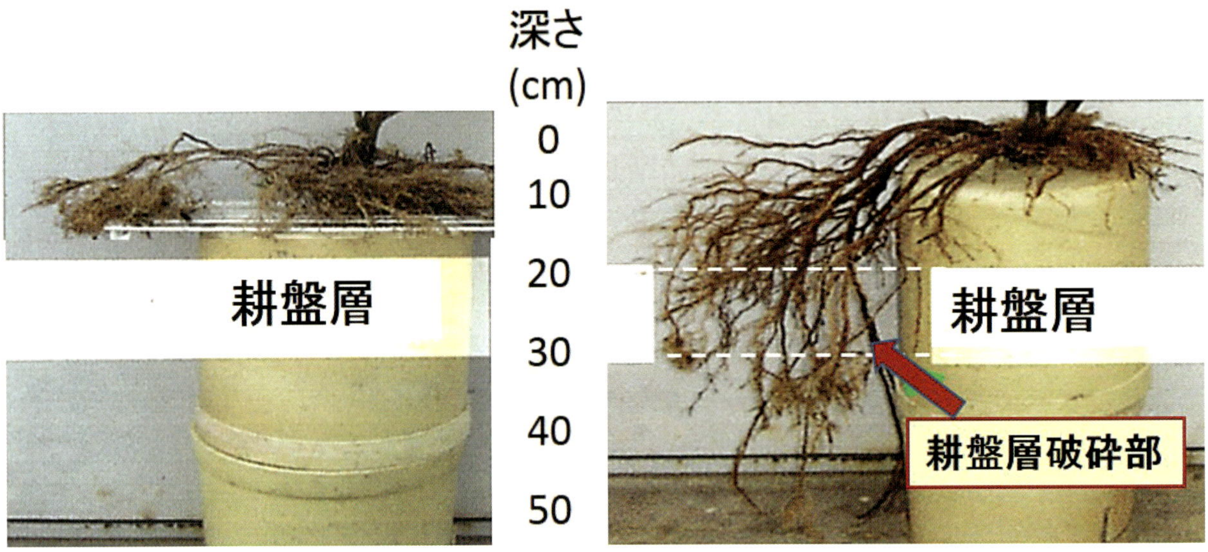

写真Ⅵ - 14　新規農地造成圃場における茶樹の根張りの状況

左：生育不良の茶樹、右：生育良好の茶樹。
茶樹の根を圃場から掘り出して水洗し、ポットの上に置いて地中における根張りの状況を再現した。深さ 20～30 cm に耕盤層があり、生育不良の茶樹の根は耕盤層を侵入できず横に伸びているのに対して、生育良好のそれは耕盤層の破砕部分を通って下層に伸びている。

3　水田転換が行なわれた圃場

土の状態を見るポイント

畑作物・野菜・果樹など畑地で栽培される作物は酸素を多く必要とするので、通常の水田では生育できません。水田を畑に転換して前記の作物を栽培するには、湛水状態を保つために形成されたすき床層をサブソイラなどで破砕して排水改善を行なう必要があります。また、地下水湿性の水田では、暗渠を施工して地下水位を少なくとも60cm以下まで下げるようにします。

（1）トマトの生育にもとの水田が大きく影響（神奈川県、2013年）

ポイント1　黒ボク土を埋め立ててつくったハウス

調査対象のハウスは、32年前に田んぼを約80cm埋め立てた圃場です。近くの台地の黒ボク土（火山灰土）を埋め立てたのですが、当初はカチカチでとても硬く、栽培が難しい状態でした。そこで、トレンチャやユンボを繰り返しかけて天地返しを行ない、併せてソルゴーなどの粗大有機物を大量に施用し、約15年かけて土層改良してきました。

防除に関しては、温湯消毒を2〜3年行ない、ここ10年くらいは米ぬかによる土壌還元消毒を行なっていて、この還元消毒がネコブセンチュウなどの防除に非常によく効いているとのことです。

写真Ⅵ-15　圃場周辺の様子

ポイント2　トマト栽培における生産者のこだわり

この生産者のトマトの作型は、11月中旬頃に植え付けし、2月〜7月中旬まで収穫する促成栽培です。現在栽培している品種は「桃太郎はるか」で、収量は13〜14t/10aと高い水準を維持しています。生産者はトマトを栽培するに当たって、見た目はもちろん、食味（糖度・酸度のバランス）にこだわり、高収量と品質向上を常に考えています。そのため、栽培上はできるだけ灌水を抑えて糖度を上げるようにしており、肥料の施用もかなり抑えています。

このようなことから、生産者は地上部（目に見える部分）だけでなく、地下部（土の中）にも非常に興味を持っています。具体的には、①トマトが田んぼからの水の影響（地下水）を受けているのではないか、②施肥量を減らしたために収穫後半に葉が黄色くなり、肥料切れが起きているのではないか、ということでした。そこで、その2点を主とした調査を7月に行ないました。

ポイント3　トマトの根に水田からの水が影響

「トマトが田んぼからの水の影響（地下水）を受けているのではないか」という点を調べるために、収穫後のトマト株付近において、土の硬さや根の張り具合、水はけの状態を見ました。土の硬さは深さ15〜35cmにかけて徐々に硬くなり、その下から再びやわらかくなっています（図Ⅵ-1）。実際に、写真Ⅵ-16の土の断面を見ても深さ20cm以下はかべ状構造を呈しており、非常に硬くて耕盤層ができていることがわかります。

しかし、断面をよく見ると土の中のすき間（亀裂）に沿って下層部にもトマトの根が入り込んでいるのが観察されます。さらに、土に触れてみると、上層部は乾いていましたが、この硬い層から深くなるほど水分が多くなっていました。そこで、検土杖（p.54参照）を用いてさらに下層部を調べたところ、深さ80cmにもとの水田があるのが確認できました。

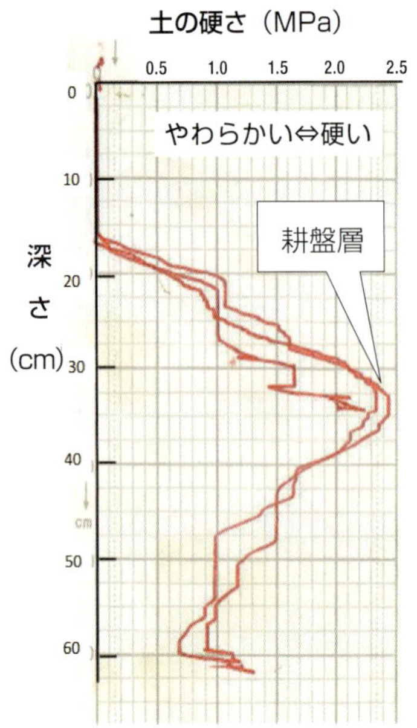

図Ⅵ-1　深さ別の土の硬さ

写真Ⅵ-16　トマト栽培圃場の土の断面

この結果から、耕盤層を抜けて下層部に伸びた**トマトの根が水田の水を吸収できるため、生産者が灌水を抑えても品質の良いトマトができる**ものと推測されます。

ポイント４　水田に水が引かれると地下水位が上昇して根傷み

「施肥量を減らしたために収穫後半に葉が黄色くなり、肥料切れが起きているのではないか」という生産者の話を聞いて、その症状が発生している場所を尋ねたところ、「ハウスの奥ほどしおれがひどい」とのことでした（写真Ⅵ-17）。そこで、その場所に案内してもらって、周辺を観察すると排水路のすぐ近くであることがわかりました。

写真Ⅵ-17　トマトの生育状況

そこで、検土杖を用いて地下水の影響を調べてみました。写真Ⅵ-18は、検土杖で採取した土にジピリジル溶液をかけて、グライの程度を調べたものです（p.47参照）。深さ40cm以下は赤い呈色反応が見られ、地下水の影響が強く出ています。この地域ではトマトの収穫後半に当たる5月下旬に水田に水が引かれるため、この頃から地下水位が上昇してトマトの根が傷み、養分吸収が抑制された結果、葉が黄色くなり、肥料切れ症状を来

写真Ⅵ-18　深さ別に見たグライの程度

たしたと結論しました。なお、土の化学性分析により肥料養分の不足は見られませんでした。

現実的な対応策としては、①より高うね栽培にする、②早期に収穫できる品種、作型を選ぶことがありますが、根本的には①さらに20cm程度の客土をして、地下水位との差を大きくする、②暗渠を施工して排水性を高めるようにします。

ポイント5　検土杖を使って下層の土を調べる

この圃場では、下層への水の影響を見る道具として検土杖を用いました。検土杖を使えば、簡易ながら1mまでの深さの土の状態を調べることができます。土性、腐植含量、斑鉄の量、グライの程度、湿りなど、目的を持った調査の場合は穴を掘る必要がなく、多点数の調査ができる検土杖はとても便利な道具です（p.54参照）。

（2）暗渠を効かせて畑転換（千葉県、2013年）

ポイント1　畑転換には不利な立地条件

圃場は泥の多い堆積物から成る粘土を主体とした低地上にあります。もともとは地下水位が高いため周辺は水田利用されていますが、生産者は畑地として利用しています。

写真Ⅵ-19　圃場周辺の様子

圃場の位置は山側に近く、上部からは山からのしぼれ水、下部からは水田からの水の影響を受けて、畑作物が湿害を起こしやすい条件下にあるので、なによりも排水を図ることが重要です。そのため、設置されている暗渠を十分に活用して、できるだけ下層まで乾かすようにします。土が乾いてくれば亀裂ができて、そこが水道《みずみち》となって排水が良くなります。

ポイント2　亀裂が生成して排水は良くなったが不十分

この圃場の土の状態を写真Ⅵ-20に示しました。土の硬さを硬度計で測ると、深さ10cmで20mmとかなり硬く、20cm以深では24mm以上で、根が入らないほどの硬さとなっています。しかし、暗渠の施工によって土層内部が乾いてきており、深さ20～40cmには大きな柱状の亀裂が生成しています。そして亀裂面に沿って根が侵入していました。

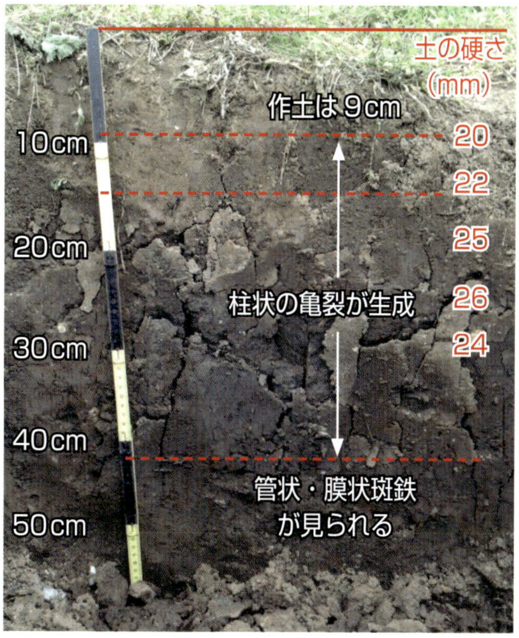

写真Ⅵ-20　畑転換圃場の土の断面

また、斑鉄（土が乾いてくると、土の表面に鉄が沈着して斑紋をつくる）が深さ60cm付近にまで見られることから、この深さまで排水されています。したがって、作物の根はここまで伸長することが可能です。しかし、この圃場の土は水を含んで膨張するタイプの粘土を主体としているので、降雨があると一時的に水はけが悪くなって、湿害をもたらす危険があります。

写真で土塊の表面が青灰色に見えるのは、土塊中のすき間が水で満たされていて、酸素が少ないことを示しています。すなわち、暗渠の効きはまだ十分ではなく、この付近の土は還元的な状態にあります。暗渠の効きを高めて、土層内が乾き、より多くの亀裂ができれば、作物根はさらに下層まで伸びて生育良好となり、増収が期待されます。

ポイント３　**さらに生産性を高める排水管理と緑肥**

暗渠の効きが十分でないようであれば、弾丸暗渠を掘って、本暗渠まで水道《みずみち》をつなぐようにします。

粘土の多い圃場なので、乾くと土が硬く締まりやすい性質があります。実際に土の硬さは深さ10cmで20mmもあり、そのために耕起深が浅くなり、作土の深さは9cmしかありませんでした。したがって、稲わら、もみがら、おがくず、バークなどの粗大有機物を含む堆肥、家畜ふん堆肥ならば牛ふん堆肥の施用やトウモロコシ、ソルゴー、クロタラリアなどの緑肥作物のすき込みによって作土層や次層の土をやわらかくし、粒状構造の生成をうながして、水持ち・水はけの良い圃場づくりをめざすようにします。

生産者は調査時のアドバイスを受けて、普段からの暗渠排水管理と緑肥の導入などを心がけており、作物がつくりやすくなったとの手ごたえを感じています。

（3）もと水田のすき床層は水分供給の場（岩手県、2014年）

ポイント１　**もと水田のすき床層に注目**

この圃場は河岸段丘面にあり、もとは水田でしたが、リンゴ園に転換して20年以上が経過しています。水田転換の場合、まずは排水性が問題になりますが、生産者は滞水することはなく排水の良い圃場と話していました。

土の断面（写真Ⅵ-21）を見ると、表層には黒褐色の有機物層が目に入ります。このリンゴ園は不耕起なので、生産者が施用した豚ぷん堆肥（1t/10a）とリンゴの葉や雑草などがそのまま堆積してできた層です。深さ5～20cmは砂壌土主体の土層、40cm

写真Ⅵ-21　リンゴ園の土の断面

以下は砂礫層となっており、生産者のいうように排水性の良さがうかがえます。

しかし、20cm付近には帯状に黄褐色の鉄の集積層があり、20～35cmにはもと水田のすき床層に当たる土層が見られます。この土層は灰色化しており、上の層に比べて粘土の多い埴壌土の土性を持っていました。これはこの土層の粘土が水を保持していて弱還元的な状態にあることを示しています（p.47参照）。

写真Ⅵ-22　リンゴ園の景観

こうした断面の様子から、降雨後の水は深さ20cmまですみやかに移動し、この付近でいったん停滞した後、その下の灰色化土層を徐々に降下浸透して腐れ礫層*に達し、一気に砂礫層を抜けていくと推察されました。したがって、この灰色化土層をサブソイラなどで破砕し、酸化的環境にすればさらに排水性の良い圃場になると考えました。

＊風化が進んでボロボロになった礫のこと。

ポイント2　リンゴの根張りを見て考え方が一変

しかし、調査を進めていくうちに、腐れ礫層から灰色化土層直下の上部にかけてリンゴの根が集中していることに気がつきました。しかもその根は下方に伸びているのではなく、灰色化土層に沿うように横方向に伸びていました。どうもリンゴの根は灰色化土層にある水を求めているようです。

腐れ礫層や砂礫層は排水過良であり、リンゴの根に対する水供給力がきわめて小さいため、**灰色化土層が下層におけるリンゴの根の水供給源になっている**ことがわかりました。灰色化土層はリンゴの生産性を左右する重要な土層だったのです。

ポイント3　灰色化土層をどう見るか

灰色化土層は弱還元的性質を持っており、土層中の空気量が少ないので、リンゴの根にとっては好適な環境ではありません。しかし、根はこの土層を突き抜けて腐れ礫層に達していました。しかも湿害を受けて腐った根は見当たりませんでした。

このことから、灰色化土層はリンゴの根の侵入を拒み、また根腐れを起こすような強還元状態が続くことはないと判断されます。なお、土の硬さは深さ50cmまで12～19mmで、根張りの制限とはなっていません。

以上から、灰色化土層に対しては、「当分はそのまま維持し、降雨後2、3日経っても水が引かないようになったら、改めて部分的破砕を考える」ことにしました。

4 不耕起栽培を導入した圃場（現地試験例）

土の状態を見るポイント

畑で栽培される作物は、水はけの良い圃場を好みます。しかし、過度の耕うんで、せっかく土の中にできた水道《みずみち》を壊してしまい、水はけが悪くなっている例が見られます。

これは粘土分の強い圃場ほど顕著に現われます。このような圃場では不耕起で栽培することで水道を確保し、水はけ（透水性、通気性）を良好に保ちます。

うね連続栽培でイチゴの収量が大幅アップ（熊本県、2010 年）

ポイント１　うね連続栽培と慣行栽培の違い

うね連続栽培は不耕起栽培の 1 種で、新たにうねをつくり直さずに、そのまま次作に利用する栽培方法です。①うねを壊して耕起し、うね立てする、という一連の作業が省略できる、②耕起・うね立て時の天候不順による作業の遅れが回避でき、適期定植が可能となる、③圃場の排水性が大幅に向上する、などの利点があります。

写真Ⅵ -23　うね連続栽培のしくみ

ポイント２　白ペンキを使ってうね内での流れを見る

ポイント 1 に述べた③を確かめるために、火山灰土（黒ボク土）のイチゴ栽培ハウスにおいて、「慣行栽培」と 2 年間「うね連続栽培」を行なった場所を選び、うね内に水性の白ペンキを流し込んで、翌日にその流れ方を調べました（写真Ⅵ -24）。

「慣行栽培」ではペンキはうね面から深さ 10cm にかけて集中しており、10cm 以深では 25cm 付近までわずかに浸透が見られた程度でした。一方、「うね連続栽培」では白ペンキは深さ 30cm まではスムーズに浸透し、30cm 以下でも前作の根穴を通って下層へ浸透していることがわかります。

ポイント３　土の硬さだけでは透水性（水はけ）の良し悪しは判断できない

「慣行栽培」の土層は大きく二つに分けられます。深さ 10cm までの土層は通路部分の土を積んでつくったうねの上部で、土の硬さは硬度計で 3mm 以下、25cm までの土層は耕うんされた部位で、土の硬さは 14mm で、ともに低い値でした。

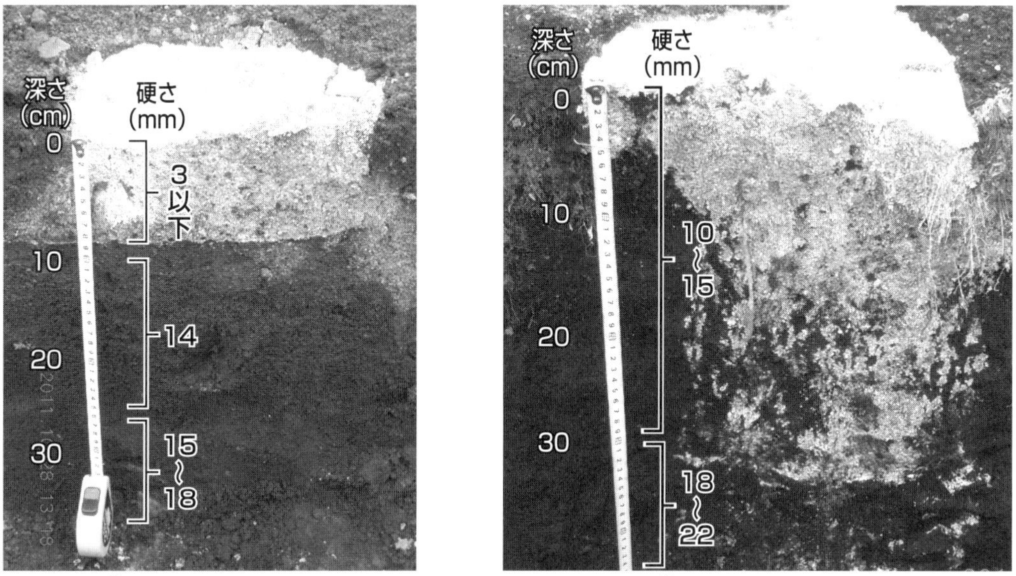

白ペンキは通路部の土を積んだ深さ 10cm までほぼ均一に流れているが、その深さで停滞し、下層への浸透は少ない。

白ペンキは深さ 30cm までスムーズに浸透しており、30cm 以下では根穴などの大きなすき間を通って 50cm 以下まで達している。

写真Ⅵ-24　うね内の白ペンキの流れ（左：慣行栽培、右：うね連続栽培）

一方、「うね連続栽培」はうね面から 30cm の位置でわずかに土層の分化が見られ、その上部の土の硬さは 10〜15mm、下部の土層では 18〜22 mm で、「慣行栽培」に比べてやや硬くなっていました。

しかし、前述のように白ペンキの流れは「うね連続栽培」で良好でした。そこで、うね面から深さ 15cm の土の三相分布（土、水、空気の割合）や透水性（水はけ）を調べてみました（表Ⅵ-3）。その結果、「うね連続栽培」では「慣行栽培」に比べて、圃場容水量時の空気率が高いことから水を通すような大きな孔隙（すき間）が多いことが確かめられました。

このすき間は乾燥時にできた亀裂や根穴と考えられ、連続的に下方に生成していました。このため、透水性も向上し、「慣行栽培」の約 4 倍にもなったのでしょう。「慣行栽培」で土の硬度が低かったのに水の流れが悪かったのは、うねを崩し耕起・整地した際に、栽培中にできた下方につながる亀裂や根穴などのすき間が壊れたことが大きな要因と思われます。

表Ⅵ-3　土の三相分布と透水性（深さ 15cm）

栽培方式	三相分布[1]（%）			透水性	
	固相率	液相率	空気率	飽和透水係数 (cm/ 1 時間)	水の浸透速度[2] (t / 1 時間 /m^2)
慣行栽培	29.6	43.3	27.1 (100)	22.0 (100)	1.21 (100)
うね連続栽培	28.9	39.2	31.9 (118)	86.0 (391)	4.69 (388)

注 1）圃場容水量時（降雨後 24 時間経ったとき）の測定値。
　2）無底のポットに一定量の水を入れ、うね面からの水の浸透量を測定。

このことから、水はけの良し悪しには土粒子間の大きなすき間が深く関係することが理解できます。

ポイント４　イチゴの収量も高まり、早期に出荷できた

図Ⅵ-2 に示したように、イチゴ「ひのしずく」の果実収量は、2 カ年とも「うね連続栽培」が「慣行栽培」に比べて 12 月までのもっとも需要の高い時期に多くなりました。初期生育が高まり、大株になって出蕾･開花が早まり、1 番果の収量が増えたのがその理由です。「うね連続栽培」では、その後も収量が高まる結果が得られました。

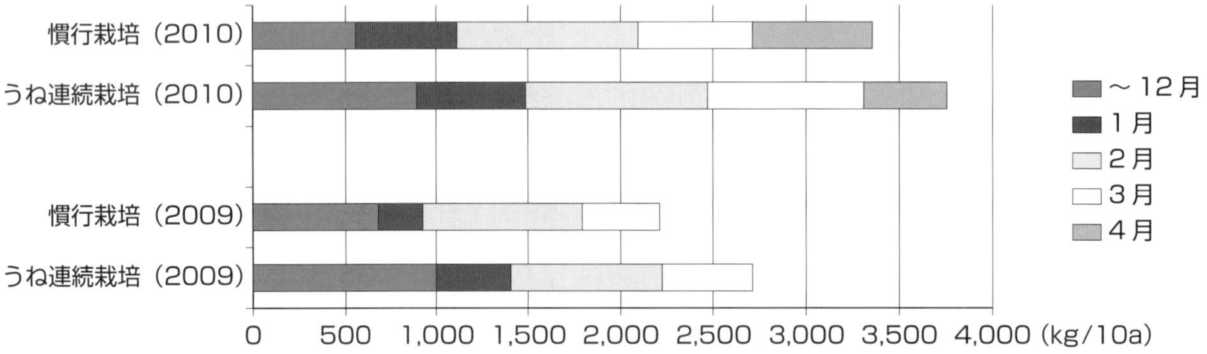

図Ⅵ-2　イチゴ「ひのしずく」の可販果収量（基肥窒素量はいずれも 8kg/ 10a）

（資料提供：熊本県農業研究センター生産環境研究所）

付録1　営農状況・土の断面の確認項目（p.36のまとめ）

指導員と生産者が生産現場で営農状況を確認・共有する目的は、生産性を阻害している土の物理性に関する課題を見つけることにあります。生産者も立ち会うことが重要です。

No.	確認項目		ポイント	記入欄・判定
1	栽培作物	この圃場で栽培していた作物（栽培履歴）	作物によって根が伸びる深さが異なる	現作物（　　　　） 前作物（　　　　） 生産者コメント
2		作物の収量	問題のある圃場か、問題のない圃場か、情報を得る	現作物反収　　　kg/10a 前作物反収　　　kg/10a 生産者コメント
3	土の改良	土の改良（排水対策・客土ほか）	・現状の改良内容を確認 ・土の断面の色（排水がよく酸化的だと褐色）、粒状・土塊・割れ目を確認	これまでの土の改良 排水対策・客土・耕盤破砕・その他 土の色　灰色・褐色　・その他（　　　　） 土の状態の観察
4		土づくり（有機物施用）	・生産者の土づくりが土の状態に表われているか確認 ・有機物連用土壌は黒色でふわふわ感のある断面	土づくりの実施状況・連用年数ほか 有・無　（　　　　t/10a） わら・緑肥・牛ふん・豚ぷん・鶏ふん・その他
5	施肥	施肥量	施肥量は適正範囲か情報を得る	肥料の種類・肥料成分 （　　　　）（N:　%－P:　%－K:　%） 反当たり施肥量　　　kg/10a
6		施肥法	根の張り方が違う	全面全層・局所施肥・その他（　　　　）
7		耕うん方法	・作土の深さ ・深耕している場合は土が混和されている	作土深　　　cm 生産者コメント
8		使っている農機（トラクタなど）の馬力	馬力の大きな農機の場合は耕盤層ができている可能性がある	馬力
9	病害	病害虫の発生状況	排水不良や多肥の場合は病害虫が発生しやすい場合がある	発生状況　多・中・少・無 生産者コメント　どのような病害虫か、いつからか
10	その他		生産者のこだわりや課題などについて確認	生産者コメント

付録2　収量アップにつながる土の診断項目 (p.36〜51 のまとめ)

実際に穴を掘って土の中を見るときに、この表に書き込んで整理してみましょう。圃場に関する情報を確認し、基準値がある場合は、それと比較して圃場の課題を見つけます。

調査項目			基準値（めやす）	記入欄・判定
1．圃場の情報（生産者聞取りを含む）	土の種類		－	砂土・火山灰・沖積土・森林土・その他
	圃場の面積		－	a
	立地（周囲の状況）		－	林が近い・河川が近い・その他
	傾斜などの有無		－	有　　無
	排水しやすさ		－	易　　難
	作物生産上の問題点		－	
2．土の断面の調査	基準値有	作土の深さ	水田：15cm 以上 畑地：25cm 以上	cm
		根の伸びている深さ	40cm 以上	cm
		作土の硬さ	15mm 以下	mm（山中式硬度計）
		耕盤の硬さ	1.5MPa 以上	MPa（貫入式土壌硬度計）
		グライ層の有無・地下水位の深さ	50cm 以下	有・無　（出現位置　　c m）
	基準値無	土性		砂土・砂壌土・壌土・埴壌土・埴土
		土の乾湿		乾・半乾・湿・潤
		土の団粒化		構造あり・構造なし
		亀裂の発達状況		亀裂あり・大穴あり
		腐植含量と腐植層の厚さ		黒色（腐植富む）・褐色（腐植含む）・褐白色（腐植なし）
		鉄の斑紋（水田の場合）		斑紋あり・斑紋なし

■この本に出てきた機械・器具の問合せ先

1．土壌調査関係

機械・器具名	掲載ページ	メーカー名	住　所	電話
硬度計（プッシュコーン）	36	大起理化工業株式会社	〒365-0001　埼玉県鴻巣市赤城台212-8	048-568-2500
検土杖（ボーリングステッキ）	37	大起理化工業株式会社	〒365-0001　埼玉県鴻巣市赤城台212-8	048-568-2500
土色帖	37	富士平工業株式会社	〒113-0033　東京都文京区本郷6-11-6	03-3812-2271
貫入式土壌硬度計	37	大起理化工業株式会社	〒365-0001　埼玉県鴻巣市赤城台212-8	048-568-2500
土壌物理性診断セット	55	大起理化工業株式会社	〒365-0001　埼玉県鴻巣市赤城台212-8	048-568-2500

2．土壌改良関係

機械・器具名	掲載ページ	メーカー名	住　所	電話
パンブレーカ	59	スガノ農機株式会社	〒300-0405　茨城県稲敷郡美浦村間野天神台300	029-886-0031
		株式会社森田工建	〒076-0054　北海道富良野市春日町12-10	0167-22-2659
サブソイラ	59	ニプロ松山株式会社	〒386-0497　長野県上田市塩川5155	0268-42-7500
プラソイラ	59	スガノ農機株式会社	〒300-0405　茨城県稲敷郡美浦村間野天神台300	029-886-0031
パラソイラ	60	ニプロ松山株式会社	〒386-0497　長野県上田市塩川5155	0268-42-7500
ハーフソイラ	60	スガノ農機株式会社	〒300-0405　茨城県稲敷郡美浦村間野天神台300	029-886-0031
深耕ロータリ	61	ニプロ松山株式会社	〒386-0497　長野県上田市塩川5155	0268-42-7500
深耕プラウ（リバーシブルプラウ）	61	スガノ農機株式会社	〒300-0405　茨城県稲敷郡美浦村間野天神台300	029-886-0031
トレンチャ（チェーン式、ロータリ式）	62	株式会社ササキコーポレーション	〒034-8618　青森県十和田市大字三本木字里ノ沢1-259	0176-22-0170
		川辺農研産業株式会社	〒206-0812　東京都稲城市矢野口574-4	042-377-5021
ホールディガー	62	株式会社齋藤農機製作所	〒998-0832　山形県酒田市両羽町332	0234-23-1511
グロウスガン	62	マックエンジニアリング株式会社	〒341-0034　埼玉県三郷市新和1-182-11	048-953-8100
ストーンローダー	63	株式会社森田工建	〒076-0054　北海道富良野市春日町12-10	0167-22-2659
ストーンクラッシャー	63	（財）北海道農業開発公社	〒060-0005　北海道札幌市中央区北5条西6	011-241-7551
溝掘り機（明渠施工）	64	小橋工業株式会社	〒701-0292　岡山市南区中畦684	086-298-3111
ドレンレイヤー施工機械	64	スガノ農機株式会社	〒300-0405　茨城県稲敷郡美浦村間野天神台300	029-886-0031
補助暗渠施工機	66	スガノ農機株式会社	〒300-0405　茨城県稲敷郡美浦村間野天神台300	029-886-0031
カッティングソイラ	67	農研機構　農村工学研究所	〒305-8609　茨城県つくば市観音台2-1-6	029-838-7513

注 1）本書に写真・資料を提供いただいた企業・機関のみ掲載しています。
2）トラクタに装着する土壌改良関係装置は、トラクタのオプションの位置づけとなっています。型式などによって装着する装置が異なるため、トラクタ購入先にお問い合わせをお願いします。

■参考文献

市川市農業協同組合・市川市農協果樹部会：市川市なし園土壌の実態とこれからの土壌管理（1982）

久保田 徹・若間秀矩・小林紀彦・遅沢省子：キャベツ根こぶ病の発生と土壌物理性の関係、日本土壌肥料学会講演要旨集第 33 集（1987）

JA 全農肥料農薬部編：よくわかる土と肥料のハンドブック、土壌改良編、農文協（2014）

千葉県：千葉県の自然誌、別編 1 千葉県地学写真集（2005）

土壌保全調査事業全国協議会：日本の耕地土壌の実態と対策、博友社（1991）

日本ペドロジー学会：土壌調査ハンドブック改訂版、博友社（1997）

農業機械学会：生物生産機械ハンドブック、コロナ社（1996）

農文協編：現代農業 第 85 巻 10 号（2006 年 10 月号）、第 86 巻 1 号（2007 年 1 月号）、第 86 巻 4 号（2007 年 4 月号）

農文協編：土をみる 生育をみる、農文協（2011）

農地土壌の物理性編集委員会：農地を知る―農地土壌の物理性―（2013）

農林水産省生産局：土壌改良と資材、日本土壌協会（2003）

橋爪 健：緑肥作物 とことん活用読本、農文協（2014）

藤原俊六郎・安西徹郎・小川吉雄・加藤哲郎：新版土壌肥料用語事典第 2 版、農文協（2010）

北海道立中央農業試験場天候不順に対応した営農技術対策検討チーム：畑地の透排水性改善のために（2009）

三好 洋・丹原一寛：土の物理性と土壌診断、日本イリゲーションクラブ（1977）

有機質資源化推進会議：有機廃棄物資源化大事典、農文協（1997）

渡辺春朗：表層腐植質黒ボク土畑地帯における土層改良に関する研究、千葉県農業試験場特別報告第 21 号（1992）

■執筆者、編集責任者、資料・写真提供者

■執筆

安西徹郎（千葉市農政センター、前 JA 全農 営農・技術センター）

■編集

茂角正延（JA 全農 営農・技術センター）
相崎万裕美（JA 全農 営農・技術センター）

《資料・写真提供》

岡部勝美（明治大学黒川農場）
片島恒治（JA 全農 肥料農薬部）
金子文宜（JA 全農 肥料農薬部）
神田芙美佳（JA 全農 営農・技術センター）
北川 巌（国立研究開発法人 農研機構 農村工学研究所）
久保研一（JA 全農 営農販売企画部）
甲谷 潤（JA 全農 肥料農薬部）
斎藤陽子（元千葉県東葛飾農業事務所）
城 秀信（熊本県立農業大学校）
田中千華（千葉県安房農業事務所）
千葉県農林総合研究センター
千葉市農政センター
橋爪 健（雪印種苗株式会社）
日置雅之（愛知県農業総合試験場）
森末文徳（香川県農業試験場）

《資料提供》

北田栄行（JA 全農 営農・技術センター）
小林 新（JA 全農 営農・技術センター）
近藤和子（長野県農業試験場）
田村有希博（JA 全農 肥料農薬部）
中野恵子（国立研究開発法人 農研機構 九州沖縄農業研究センター）
日高秀俊（JA 全農 肥料農薬部）
藤澤英司（JA 全農 肥料農薬部）
松嶋俊博（JA 北海道中央会）
山村 望（JA 全農 肥料農薬部）

《写真提供》

赤松富仁（写真家）
香川晴彦（千葉県農林総合研究センター）
片倉コープアグリ株式会社
株式会社齋藤農機製作所
株式会社ササキコーポレーション
株式会社森田工建
川辺農研産業株式会社
梶 智光（JA 全農 営農・技術センター）
倉持正実（写真家）
群馬県嬬恋村役場
公益財団法人北海道農業公社
小橋工業株式会社
高田裕介（国立研究開発法人 農業環境技術研究所）
スガノ農機株式会社
大起理化工業株式会社
千葉県文書館
ニプロ松山株式会社
マックエンジニアリング株式会社
脇田 忍（写真家）
渡辺春朗（元千葉県農林総合研究センター）

※所属は執筆時、資料・写真提供時のもの。
※カメラマンおよび研究者（執筆者と JA 全農の職員を除く）の写真については、写真の下にもクレジットを記載した。

著 者

安西 徹郎（あんざい・てつを）

1948年、千葉県生まれ。北海道大学大学院農学研究科修士課程修了。博士（農学）。元千葉県農林総合研究センター次長。前JA全農 営農・技術センター主席技術主管、前日本土壌肥料学会副会長。2003年、日本土壌肥料学会賞受賞。2006年、農業技術功労者表彰。共著に『だれにもできる土壌診断の読み方と肥料計算』『よくわかる 土と肥料のハンドブック 土壌改良編』『新版 土壌肥料用語事典 第2版』『土壌診断の方法と活用』（以上、農文協）、『土壌学概論』（朝倉書店）など。

編 者

JA全農 肥料農薬部

だれにもできる
土の物理性診断と改良

2016年3月20日 第1刷発行
2024年6月30日 第5刷発行

編者 JA全農 肥料農薬部 ／ 著者 安西 徹郎

発行所 一般社団法人 農山漁村文化協会
〒335-0022 埼玉県戸田市上戸田2-2-2
電話 048-233-9351（営業） 048-233-9355（編集）
FAX 048-299-2812 振替 00120-3-144478
URL https://www.ruralnet.or.jp/
ISBN 978-4-540-15214-6
＜検印廃止＞

DTP制作／森編集室
印刷・製本／TOPPAN（株）
定価はカバーに表示
乱丁・落丁本はお取り替えいたします。